国家自然科学基金委青年科学项目（41903044）
贵州交通职业大学博士科研启动基金（KYQD2022014）
贵州省山区桥隧工程智能建造与运维全省重点实验室
贵州省道路检监测养护技术工程研究中心

黔西南烂泥沟卡林型金矿成矿作用

颜 军/著

·南京·

图书在版编目(CIP)数据

黔西南烂泥沟卡林型金矿成矿作用 / 颜军著.
南京：东南大学出版社，2025.5. -- ISBN 978-7-5766-
2146-4
Ⅰ．P618.510.1
中国国家版本馆 CIP 数据核字第 2025EC9076 号

责任编辑：马 伟　　责任校对：韩小亮　　封面设计：毕 真　　责任印制：周荣虎

黔西南烂泥沟卡林型金矿成矿作用
Qianxinan Lannigou Kalinxing Jinkuang Chengkuang Zuoyong

著　　者	颜 军
出版发行	东南大学出版社
出 版 人	白云飞
社　　址	南京市四牌楼 2 号　邮编：210096
网　　址	http://www.seupress.com
电子邮箱	press@seupress.com
经　　销	全国各地新华书店
印　　刷	广东虎彩云印刷有限公司
开　　本	700 mm×1000 mm　1/16
印　　张	12.5
字　　数	216 千字
版　　次	2025 年 5 月第 1 版
印　　次	2025 年 5 月第 1 次印刷
书　　号	ISBN 978-7-5766-2146-4
定　　价	68.00 元

本社图书若有印装质量问题，请直接与营销中心联系，电话：025 - 83791830。

前言
Preface

烂泥沟卡林型金矿床是华南低温成矿域"滇黔桂"矿集区中最早发现的超大型矿床之一。长期以来，国内外研究者对低温矿床，尤其是卡林型金矿床，主要采用的是传统单矿物的元素-同位素（H-O、C-O以及S等）地球化学等研究手段。由于方法的限制，以往通常不能从更细致的时间和空间尺度上对矿床成矿流体的组成、来源和演化特征进行辨析，从而带来许多困扰和争论。尽管电子探针、激光剥蚀等离子体质谱、二次离子质谱等原位分析技术在卡林型金矿床的研究中也得到了较广泛的应用，但是由于卡林型金矿床中金的主要载体矿物含砷黄铁矿具有极细小的环带结构，上述分析手段获得的信息依然有限。基于这种局限性，本书选择以高精度高分辨离子探针（SHRIMP）、激光剥蚀等离子体质谱（LA-ICPMS）以及纳米离子探针（NanoSIMS）为主要研究手段，对矿床中的重要脉石矿物石英和主要载金矿物含砷黄铁矿的元素-稳定同位素组成变化特征进行了研究。尝试从更小的时空尺度上揭示流体的组成、来源和演化特征，确定矿床的成因。读者可扫描封底二维码查看彩色图片。本书取得以下主要成果：

（1）对石英的 SHRIMP 氧同位素和 LA-ICPMS 微量元素分析结果表明，与成矿后脉状石英较窄的氧同位素分布范围（24.1‰～27.8‰）不同，成矿阶段的他形似碧玉状石英具有很宽的氧同位素分布范围（12.1‰～24.8‰），该变化范围明显超过了由温度引起的石英氧同位素分馏波动幅度。根据成矿流体温度反算出成矿流体的氧同位素分布范围为 3.21‰～16.2‰，反映出明显的流体混合（或不同程度水-岩反应）特征。而成矿后脉状石英的氧同位素值较高且分布集中，可能反映出成矿期后的流体主要以较单一的盆地流体为主，不再有其他流体加入。

（2）NanoSIMS 元素面扫描分析显示，Au、As、Cu 等元素及 S 同位素在含砷黄铁矿环带中具有周期性富集规律，反映黄铁矿形成过程中成矿流体组成具有周期性变化的特点，这可能与成矿流体周期性注入成矿体系有关。控制 Au 沉淀的主要因素为去碳酸盐化过程中 CO_2、H_2S 等挥发分的逸散、流体多次混合引起的温度、pH 及氧逸度波动。根据 Au 与 As 两种元素的相关性，我们将成矿过程划分为 3 个阶段，但每个阶段 Au 的沉淀机制及控制因素可能有所变化：在含砷黄铁矿环带形成初期，As 大量从流体中沉淀进入黄铁矿，但 Au 由于去碳酸盐化过程中的 pH 缓冲效应，并未随 As 共同沉淀；在 Au 早期沉淀阶段，由于成矿体系温度等物理化学性质的变化，以及缓冲效应的打破，Au 开始与 As 一起大量沉淀进入含砷黄铁矿环带，此时 Au-As 含量具有正相关性；在 Au 晚期沉淀阶段，由于流体中 Au 浓度的下降，以及氧逸度、pH 的持续升高，导致 Au 在该阶段的沉淀机制再次发生变化，使该阶段形成的含砷黄铁矿环带中的 Au-As 呈现出负相关特征。

（3）NanoSIMS 原位硫同位素分析表明，与传统单矿物硫同位素组成不同，含砷黄铁矿核部与环带的 $δ^{34}S$ 具有不同的变化范围，反映它们具有不同的成因。核部黄铁矿的硫同位素值（6‰～12‰）接近地层黄铁矿，表明含砷黄铁矿核部的硫来源于地层；含砷黄铁矿环带的硫同位素组成从里到外具有从 0‰ 左右逐渐上升的趋势，表明成矿流体中的 S 具有两个端元混合的特征，其中一个端元为与岩浆作用相关的初始成矿流体，具有低 $δ^{34}S$ 值（0‰ 左右）和富 Au、As、Cu 等成矿元素的特点；另一个端元为深源盆地流体，具有较高的 $δ^{34}S$ 值（超过 18‰）。

（4）提出了卡林型金矿金超常富集机制：通过 FIB-TEM 发现，含砷黄铁矿环带由大量纳米黄铁矿颗粒组成，表明增生环带是在过饱和条件下快速堆积聚集形成的多晶集合体，而不是平衡结晶过程形成的单晶体。而成矿过程中，在流体-围岩反应体系中，大量纳米黄铁矿的形成，极其利于流体中金被黄铁矿高效吸附并沉淀，最终形成超大型金矿床。

（5）提出了矿床的成矿模型：在烂泥沟金矿床成矿过程中，由印支板块与华南板块碰撞形成的隐伏花岗岩体产生了带有岩浆水特征的流体，流体携带成矿元素沿区域深大断裂上升，并与盆地流体在断裂带上部混合。由于两种流体的物理化学性质的差异、水-岩反应以及断裂带上部压力不稳定等因素，导致流体中成矿元素沉淀形成矿床。

目 录
Contents

1 绪论 ·· 001
  1.1 卡林型金矿概念 ·· 002
  1.2 卡林型金矿研究现状 ·· 003
    1.2.1 美国内华达地区卡林型金矿研究现状 ··· 003
    1.2.2 中国滇黔桂地区卡林型金矿研究现状 ··· 006
    1.2.3 烂泥沟卡林型金矿的研究现状及存在问题 ·· 009
  1.3 选题依据及研究意义 ·· 011
  1.4 研究内容及方法 ·· 012
    1.4.1 研究内容 ·· 012
    1.4.2 研究方法 ·· 013

2 区域地质概况 ·· 015
  2.1 区域地层 ·· 017
    2.1.1 泥盆系 ··· 017
    2.1.2 石炭系 ··· 017
    2.1.3 二叠系 ··· 017
    2.1.4 三叠系 ··· 018
    2.1.5 侏罗、白垩、古近、新近系 ·· 019
    2.1.6 第四系 ··· 019
  2.2 区域内岩浆岩 ·· 019
    2.2.1 偏碱性超基性侵入岩 ·· 019
    2.2.2 煌斑岩类 ·· 020
    2.2.3 基性侵入岩 ··· 020

  2.2.4 基性火山岩 ………………………………………………………… 021
  2.2.5 花岗岩 …………………………………………………………… 021
 2.3 区域构造 …………………………………………………………………… 021
 2.4 本章小结 …………………………………………………………………… 022

3 矿床地质特征 …………………………………………………………………… 025
 3.1 矿区地质概况 ……………………………………………………………… 026
  3.1.1 矿区地层及岩性 ………………………………………………… 026
  3.1.2 矿区主要构造 …………………………………………………… 031
  3.1.3 岩浆岩 …………………………………………………………… 032
 3.2 矿体地质特征 ……………………………………………………………… 033
  3.2.1 矿体形态特征 …………………………………………………… 034
  3.2.2 矿体元素富集及变化规律 ……………………………………… 035
 3.3 赋矿围岩特征 ……………………………………………………………… 036
 3.4 矿石特征 …………………………………………………………………… 037
  3.4.1 矿石类型 ………………………………………………………… 037
  3.4.2 矿石物质组成 …………………………………………………… 038
  3.4.3 矿石结构构造 …………………………………………………… 039
  3.4.4 金的赋存状态 …………………………………………………… 041
 3.5 矿化蚀变特征 ……………………………………………………………… 041
  3.5.1 硅化 ……………………………………………………………… 042
  3.5.2 去碳酸盐化 ……………………………………………………… 042
  3.5.3 硫化作用 ………………………………………………………… 042
  3.5.4 黏土矿化 ………………………………………………………… 044
  3.5.5 碳酸盐化 ………………………………………………………… 044
  3.5.6 蚀变和矿化分带 ………………………………………………… 044
 3.6 本章小结 …………………………………………………………………… 045

4 石英的矿物学及原位地球化学研究 …………………………………………… 047
 4.1 石英相关的研究现状 ……………………………………………………… 048
 4.2 样品采集和处理 …………………………………………………………… 049

- 4.3 石英流体包裹体研究 ·· 050
  - 4.3.1 测试方法 ·· 050
  - 4.3.2 流体包裹体测试结果 ··· 050
- 4.4 不同阶段石英在镜下及阴极发光(CL)的形貌特征 ································ 053
- 4.5 石英电子探针分析 ·· 055
- 4.6 石英原位氧同位素分析 ·· 061
  - 4.6.1 分析方法 ·· 061
  - 4.6.2 分析结果 ·· 061
- 4.7 石英原位 LA-ICPMS 微量元素分析 ··· 067
  - 4.7.1 分析方法 ·· 067
  - 4.7.2 分析结果 ·· 067
- 4.8 石英中微量元素变化的影响因素 ··· 069
- 4.9 石英氧同位素变化的影响因素及成矿流体来源 ······································ 071
- 4.10 本章小结 ··· 072

5 含砷黄铁矿原位地球化学特征 ·· 075
- 5.1 含砷黄铁矿研究现状 ··· 076
- 5.2 样品采集和处理 ··· 077
- 5.3 含砷黄铁矿形貌特征 ··· 078
- 5.4 含砷黄铁矿扫描电镜(SEM)分析 ··· 080
  - 5.4.1 分析方法 ·· 080
  - 5.4.2 分析结果 ·· 080
- 5.5 电子探针元素分析 ·· 083
  - 5.5.1 分析方法 ·· 083
  - 5.5.2 分析结果 ·· 083
- 5.6 含砷黄铁矿 NanoSIMS 元素 Mapping 及原位硫同位素分析 ······ 092
  - 5.6.1 分析方法 ·· 092
  - 5.6.2 分析结果 ·· 093
- 5.7 单颗粒硫化物硫同位素分析 ··· 096
  - 5.7.1 分析方法 ·· 096
  - 5.7.2 分析结果 ·· 096

5.8 Au 在含砷黄铁矿中的存在形式 ……………………………………… 100
5.9 影响成矿流体中 Au 沉淀过程的因素 ……………………………… 101
5.10 流体中 S 同位素影响因素 ………………………………………… 104
5.11 成矿流体及硫的来源 ……………………………………………… 107
5.12 本章小结 …………………………………………………………… 109

6 含金黄铁矿纳米矿物学特征及生长模式 …………………………… 111
6.1 样品描述 …………………………………………………………… 112
6.2 样品分析方法 ……………………………………………………… 114
 6.2.1 激光拉曼光谱 ……………………………………………… 114
 6.2.2 扫描电镜分析 ……………………………………………… 114
 6.2.3 聚焦离子束原位制样 ……………………………………… 114
 6.2.4 透射电镜分析 ……………………………………………… 116
6.3 样品分析结果 ……………………………………………………… 116
 6.3.1 黄铁矿含金环带中的纳米金颗粒 ………………………… 116
 6.3.2 含砷黄铁矿的多晶特征 …………………………………… 118
6.4 含砷黄铁矿中金的赋存状态 ……………………………………… 120
6.5 含砷黄铁矿环带的生长及金吸附过程 …………………………… 121
6.6 含金黄铁矿环带生长模式 ………………………………………… 122
6.7 本章小结 …………………………………………………………… 124

7 矿床成因模式 …………………………………………………………… 125
7.1 "滇黔桂"地区矿床年代学研究 ………………………………… 126
7.2 "滇黔桂"地区低温矿床成矿模式 ……………………………… 127
7.3 烂泥沟流体来源模式 ……………………………………………… 128

8 结论与后续工作展望 …………………………………………………… 131
8.1 结论 ………………………………………………………………… 132
8.2 后续工作展望 ……………………………………………………… 134

附录 矿产地质勘查规范 岩金 …………………………………………… 135
附录 A （资料性附录） 岩金矿床工业类型 ………………………… 165
附录 B （资料性附录） 岩金矿床规模划分标准 …………………… 168

附录C（资料性附录） 岩金矿矿物 …………………………………… 169

附录D（资料性附录） 金矿物的粒度及形状分类 ………………… 170

附录E（资料性附录） 岩金矿床勘查类型划分 …………………… 171

附录F（资料性附录） 岩金矿勘查工程间距 ……………………… 173

附录G（资料性附录） 岩金矿一般工业指标及其伴生矿产综合评价参考指标 …………………………………………………………… 174

参考文献 ……………………………………………………………… 175

1
绪 论

1.1 卡林型金矿概念

卡林型金矿也曾被称为沉积岩容矿微细粒浸染型金矿,在 20 世纪 60 年代于美国内华达州卡林地区发现超大储量的金矿床之后,被正式认可为一种新的矿床类型,并以其发现地 Carlin 命名(Hausen and Kerr,1968)。经过半个多世纪的努力,卡林型金矿的勘查、开发及研究在世界范围内均取得了巨大进展。在美国内华达州,除了卡林地区以外,其周边地区也发现了多个卡林型金矿成矿带。

中国扬子地块西北和西南缘"陕甘川"和"滇黔桂"两个卡林型金矿矿集区的相继发现,已使中国成为继美国之后的第二大卡林型金矿产出区。中国的卡林型金矿最早发现于 20 世纪 70 年代末的黔西南地区,其后在贵州板其、丫他、戈塘,以及陕西二台子、双王等地相继发现了类似金矿床。因矿床中的含金黄铁矿以微细粒浸染状形式存在,这些地区的金矿最初被命名为微细粒浸染状金矿。直到 80 年代左右,经过大量的研究后,才被普遍认为与美国内华达州卡林型金矿类似(赵成海,2014)。随着生产中越来越多该类型矿床的发现,以及不同矿床之间差异的深入研究,对比与美国典型的卡林型金矿之间的差异,有学者认为中国具有卡林型金矿特征的矿床,应该定义为"类卡林型金矿"(Carlin-like)(Li,1999;Kerrich et al.,2000)。

Arehart 等(1996)将卡林型金矿床的主要特征归纳为:矿体主要受构造或地层控制,容矿岩石大多为粉砂质碳酸盐岩;金以极细颗粒赋存于微细粒含砷黄铁矿中,矿体中 Sb、Hg、Tl 等金属元素的富集趋势也与 As 有很大相关性。围岩蚀变主要包括去碳酸盐化、硅化及黏土化。

而 Cline 等(2005)则认为,卡林型金矿同时受到构造和地层控制,矿床主要沿着区域断裂带走向分布,或成片聚集。矿体的形成主要受到去碳酸盐化作用控制,并形成含固溶体金或亚微米颗粒金浸染状黄铁矿的交代矿床。

刘东升等(1994)则将中国的卡林型金矿定义为:产于碎屑岩或碳酸盐岩

为主的沉积岩中，以中低温矿物共生组合和围岩蚀变为特征，金以显微-次显微级形式赋存，在成因上属于浅成中低温热液矿床的一类金矿床。

根据美国卡林型金矿的新进展，Hu 等（2002）以及 Xie 等（2017）在对比中美的卡林型金矿之后，总结出两国卡林型金矿有如下典型特征：

（1）矿体同时受到构造和地层的控制，容矿围岩主要为不纯的碳酸盐岩和钙质陆源碎屑岩。

（2）金主要以不可见显微-次显微亚微米颗粒或固溶体赋存于含砷黄铁矿中。个别矿床中偶见明金，但不是金的主要赋存状态。

（3）金矿石中矿物共生组合和围岩蚀变具有中低温热液成矿作用特征，形成含砷黄铁矿-毒砂-辉锑矿-辰砂-雄黄-雌黄这一套中低温矿物组合。矿床整体具有 Au‑As‑Sb‑Hg(Tl)这一典型"卡林"元素组合。

从该类型金矿床名称从最初定名为沉积岩微细粒浸染型金矿，到后期的浅层低温热液型金矿、渗流热卤水型金矿、碳硅泥岩型金矿，到最后定为卡林型金矿这一过程表明，尽管不同金矿床之间有或多或少的差异性，但是具有上述主要矿床特征的金矿均应定义为卡林型金矿。

1.2 卡林型金矿研究现状

自从 20 世纪 60 年代美国明确了卡林型金矿这一矿床类型以来，学界在矿床勘查和科学研究方面都取得了很大进展。然而，卡林型金矿这一矿床类型名称并未对矿床成因、流体来源及形成机制做出定义。虽然累积了大量勘查资料和研究数据，却无法有效说明矿床成因及成矿机制。

1.2.1 美国内华达地区卡林型金矿研究现状

美国卡林型金矿主要分布在内华达州北部多个卡林型金矿成矿带上（图 1-1）。经过半个多世纪的勘查和研究，尤其是矿床深部勘探取得的进展，积累了丰富的资料和数据，并取得了诸多认识。

卡林型金矿矿化蚀变以普遍发育中低温热液蚀变为特征，并伴随 Au‑As‑Sb‑Hg(Tl)等低温元素组合的地球化学异常。典型围岩蚀变为去碳酸盐化、硅化、黏土化和与 Au 沉淀相关的硫化作用（Hofstra and Cline，2000；Cline et al.，2005）。富有机碳的黑色碳质页岩常见，并具有一定的金品位。金矿化与硫化、硅化关系密切。主要金属矿物黄铁矿和毒砂也是主要的载金矿物，其次有成矿晚期阶段的辉锑矿、雄黄、雌黄、辰砂和磁黄铁矿等。常见非金属矿物为石英、方解石、白云石、绢云母、重晶石和伊利石、高岭石等黏土矿物。金主要以亚微米级不可见金赋存于富微量元素的含砷黄铁矿环带中。

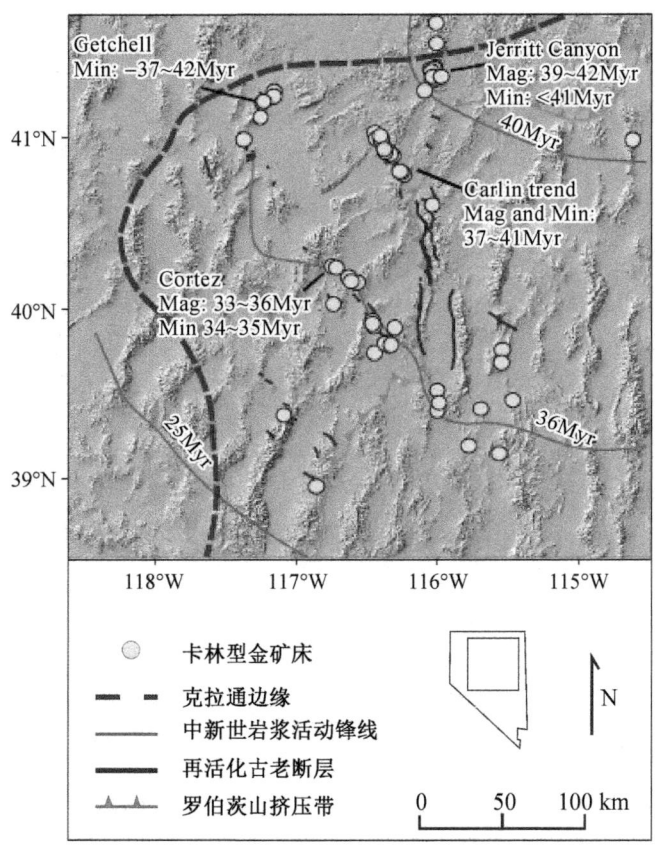

图 1-1 美国内华达州卡林型金矿分布图
（据 Muntean et al.，2011）

流体包裹体研究表明，卡林型金矿成矿流体具有中-低温度（180～240 ℃）、低盐度（约 2%～3% NaCl）的特征，含 CO_2（物质的量分数<4%）、CH_4（物质的量分数<0.4%）以及足够的 H_2S（10^{-1}～10^{-2}）来运移 Au 和其他金属二硫络合物（Cline and Hofstra，2000；Lubben, et al.，2012）。在成矿过程中，流体的性质由最初较高温度、酸性逐渐向较低温度、中性演化。流体包裹体的测压研究表明，卡林型金矿的成矿深度最浅在 1.7～6.5 km，最深

不超过5～8 km。但裂变径迹研究表明，矿床的成矿深度可以浅至0.3～3 km。目前尚无证据证明成矿流体经历了沸腾或相分离过程。

对卡林型金矿中流体包裹体、含水矿物和石英的H、O同位素分析表明，成矿流体可能为多来源。美国大多数卡林型金矿的氢同位素较低，表明其来源为大气降水。但是在Getchell金矿中，流体包裹体和黏土矿物都具有较高的氢同位素值，表明该矿床的成矿流体可能主要来自深部岩浆或变质作用。该矿床流体包裹体中的He同位素组成特征显示出幔源流体的特征(Cline et al.，2003)。在多数卡林型金矿中，氧同位素值从成矿早期到成矿晚期均表现出降低的趋势。该趋势可能反映了在成矿晚期阶段，大气水与早期岩浆流体或变质流体之间的混合过程(Hofstra et al.，2000)。

在卡林型金矿中，Au可能主要以硫配合物的方式进行运移，Au的来源深度不会超过S的来源深度，因此S同位素数据可以为Au的来源提供约束(Cline et al.，2005)。传统单矿物硫同位素和原位离子探针分析显示表明，美国卡林型金矿S同位素分布较广，为－4‰～13‰，显示出其沉积来源的特征。较大的硫同位素组成变化反映了成矿流体中的硫元素可能来自不同地层单元，或者受到古环境及H_2S的多种产生机制的影响，包括成矿前黄铁矿溶解、有机质分解、硫酸盐还原等。而在Getchell、Betze-Post等矿床中，离子探针分析表明其成矿流体的硫同位素具有地幔硫特征(Cline et al.，2003；Kesler et al.，2003)。

矿床成矿时代的成功确定，有助于阐明其成矿机制及其动力学背景。近十多年来，随着含金矿物硫砷铊汞矿(Galkhaite)Rb-Sr法、冰长石$^{40}Ar/^{39}Ar$法等测年技术以及裂变径迹和(U-Th)/He等热年代学法的成功应用，美国卡林型金矿的成矿年代被限定在33～42 Ma(Arehart et al.，2003)。从区域构造背景来看，美国的卡林型金矿主要产于被动大陆边缘，受区域逆冲推覆构造控制，但成矿时主要受伸展构造控制，因而弧后断陷盆地有利于卡林型金矿的形成。根据对该区域内岩浆活动期次的确定，发现中新世的几次岩浆活动与卡林型金矿有空间对应关系(图1-1)。

美国卡林型金矿在赋矿围岩、矿床构造、矿床矿化蚀变特征及年代学等方面具有高度的相似性，暗示了各金矿床之间相似的成矿过程：区域地质过程中产生的流体与性质类似的围岩发生蚀变并以相似的过程使Au沉淀，因而在整个区域上形成大量的 Au 矿床。然而，各个 Au 矿床同位素的差异表明不同矿床的成矿流体可能具有多个来源。

各矿床之间稳定同位素以及矿体具体特征等方面的差异导致对各个矿床之间的特征产生了不同认识，并由此形成了多个成矿模式。包括：

（1）大气水淋滤模型。该模式认为，盆地中大气水来源的流体大规模侧向运移并淋滤围岩中的 Au 形成了成矿流体(Emsbo et al., 2003)，或者深部地壳中的大气水对流淋滤新元古代地壳中的 Au(Ilchik et al., 1997)。但是该模式无法解释在部分金矿床中发现的与岩浆或者变质流体相关的同位素特征。

（2）浅部侵入体模型。该模式认为，卡林型金矿是一种类似火山型浅成低温热液或者是斑岩体系远端热液相关的矿床(Cunningham et al., 2004)。该模式的证据为部分地区卡林型金矿与同时代的脉岩在空间上密切相关(Ressel et al., 2000; Heitt et al., 2003)。

（3）深部岩浆或变质流体模型。该模型的提出主要基于部分同位素的证据，尤其是成矿阶段黄铁矿的原位离子探针数据，以及区域深大断裂与金矿空间分布的相关性、区域上大规模的热液活动和巨量 Au 沉淀。然而该模型的主要缺陷是无法找到同时代的区域岩浆活动中心或者大规模区域变质作用的证据。

近几年的研究中，深部岩浆来源的观点逐渐占据优势。Muntean 等(2011)认为深部地壳的熔融导致了变质和脱气过程，并在地壳深部形成了初始成矿流体。初始成矿流体受岩浆作用的热力驱动上升，分异出含 Au 流体，在上升过程中，可能会加入中地壳深部的变质流体。这些流体沿着区域深大断裂继续上升，并混入围岩组分，最终进入浅层容矿围岩形成矿体。

1.2.2　中国滇黔桂地区卡林型金矿研究现状

中国的"滇黔桂"和"陕甘川"地区是除美国内华达地区外最为集中的两个卡林型金矿产区。由于"滇黔桂"地区在由断裂带组成的近三角形区域内集中了大量卡林型金矿，因而又被称为中国"金三角"。从 20 世纪 70 年代末开始，矿集区内不断发现卡林型金矿，使中国成为继美国之后对卡林型金矿研究、勘探最活跃的国家之一，并在此过程中积累了丰富的研究成果。

"滇黔桂"矿集区位于扬子地块西南边缘，与传统研究中的右江盆地基本重合。矿集区内的卡林型金矿主要受到区域内深大断裂控制，分布于构造带背斜、穹窿位置。赋矿地层以二叠-三叠系为主，岩性为钙质碎屑岩-不纯的碳酸盐岩。矿石平均金品位在 2~5 g/t，矿体形态多样，有似层状、透镜状、脉状，矿体产状变化大，主要受断层或赋矿地层控制。主要矿物为金属硫化物和硅酸盐脉石矿物：金属硫化物包括含砷黄铁矿、毒砂、雄黄、雌黄、辉锑矿、辰砂及少量的黄铜矿、铅锌矿、闪锌矿；硅酸盐脉石矿物主要为石英、伊利石、高岭石、绢云母、方解石、白云石等。其中，黄铁矿为主要载金矿物，一些矿床中毒砂和黏土矿也含金。矿床围岩蚀变类型主要为去碳酸盐化、硅化、黄铁矿化、黏土矿化以及碳酸盐化等（刘平等，2006；韩至钧等，1999）。

区域内卡林型金矿传统石英-黏土单矿物氢氧同位素分布范围较宽，δD 值变化范围为－20‰~120‰，$\delta^{18}O$ 值变化范围约为 1‰~15‰（图 1-2）。几乎所有数据点均落在变质水区域下方的建造水区域，表明成矿流体主要来自盆地流体，可能有少量变质水或岩浆水的加入（Peng et al.，2014）。Hofstra 等（2005）发现，一些矿床中的黏土矿物 H-O 同位素组成落在变质水区域内，并向大气水靠近，因此认为这些矿床的成矿流体来自变质流体。水银洞金矿的 H-O 同位素值落在岩浆水区域并向大气水方向延伸，可能表明其来源主要为岩浆水，并在成矿过程中受到大气水的明显影响（Tan et al.，2015）。

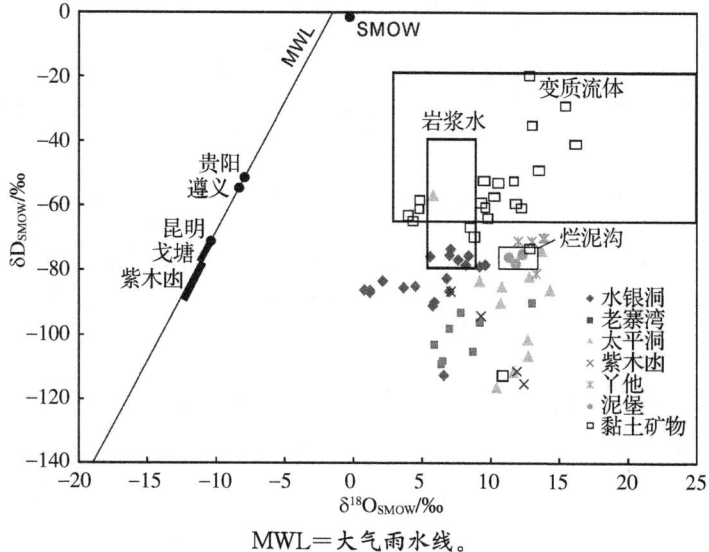

MWL=大气雨水线。

图 1-2　"滇黔桂"地区卡林型金矿 H-O 同位素分布
（据 Hu et al.，2017）

区域内卡林型金矿的方解石碳氧同位素值具有两条趋势线(图1-3)。一条从海相碳酸盐区域平坦地向花岗岩区域延伸,表明方解石中C来源为海相碳酸盐与岩浆的混合,或者海相碳酸盐的溶解。另一条较倾斜的趋势线可能来源于海相碳酸盐溶解的CO_2与有机质氧化产生的CO_2混合。张瑜等(2010)、Wang等(2013)和Tan等(2015)研究了区域内卡林型金矿的热液方解石,发现大多数成矿期后的方解石颗粒具有正的$\delta^{13}C$值,而成矿期的方解石$\delta^{13}C$值具有地幔来源碳的特征(-3‰~-9‰)。造成该现象的另一个可能原因是海相碳酸盐与有机碳的混合。

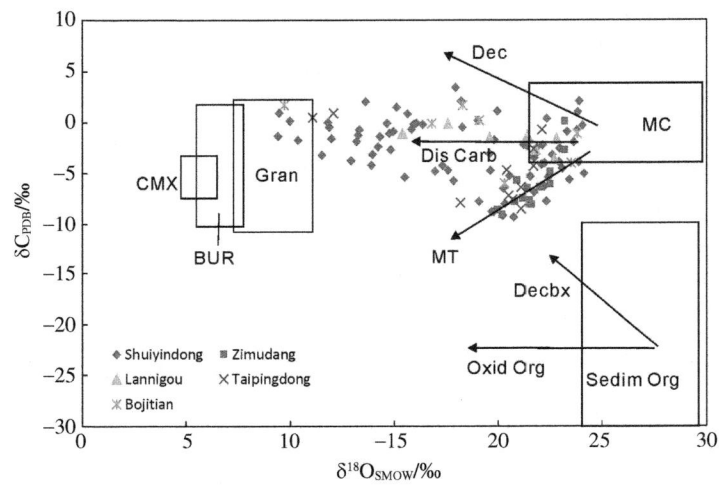

MC=海相碳酸盐区,Dec=去碳酸盐化,Dis Carb=碳酸盐溶解,MT=混合趋势,Gran=花岗岩区,CMX=碳酸岩及地幔捕虏体区,BUR=基性超基性岩区,Decbx=脱羧基作用,Oxid Org=有机质氧化,Sedim Org=沉积有机质。

图1-3 "滇黔桂"地区卡林型金矿C-O同位素分布(据Hu et al.,2017)

在早期的研究工作中,卡林型金矿中的含砷黄铁矿被认为全部来自成矿阶段,并根据黄铁矿的硫同位素组成,认为其来源为地层中沉积黄铁矿的溶解(图1-4)(Hu et al.,2002;张长青等,2005)。但是含砷黄铁矿中的核-环结构在化学组成上有明显的差异,表明核部为同沉积黄铁矿,环带才是成矿作用形成的热液黄铁矿(Su et al.,2008,2009a)。总体来看,区域内卡林型金矿的$\delta^{34}S$变化范围较大,受地层的影响较大;部分矿床$\delta^{34}S$在0‰左右,具有岩浆硫特征;另一部分矿床有负的$\delta^{34}S$值,可能与有机质还原作用相关。流体包裹体的数据表明,区域内卡林型金矿的成矿温度为150~300℃,成矿压力低于 50 MPa，成矿流体盐度为 0‰～15‰，属于浅成、中低温、低盐度流体。

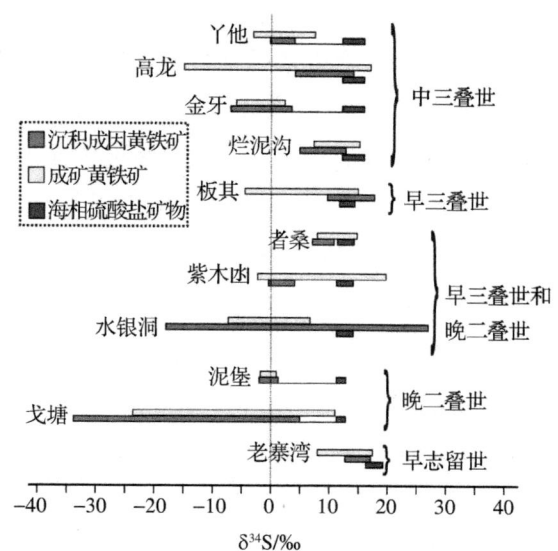

图 1-4　区域内沉积黄铁矿和含金黄铁矿单矿物硫同位素分布
（据 Hu et al.，2017）

在成矿模式上，主要有以下几种观点：

(1) 大气降水、渗流热卤水成矿模式(刘东升等，1987)。

(2) 盆地流体成矿模式(刘建明等，2001)。

(3) 喷流沉积模式(刘家军等，1997)。

(4) 岩浆热液成矿模式(黄永全和崔永勤，2001；刘建中等，2017；Hu et al.，2017)。

(5) 油气运移成矿模式(Gu et al.，2012)。

1.2.3　烂泥沟卡林型金矿的研究现状及存在问题

在 20 世纪 80 年代时，烂泥沟(锦丰)金矿在贵州物化探队进行 1∶20 万水系沉积物化探测量时发现安龙 84HS-23 号金异常。随后 80 年代到 90 年代，贵州省地矿局 117 地质大队对该地区进行了详细的地质勘探工作，最终提交金金属资源/储量 75.1 t，达到大型矿床规模。2001 年，澳华黄金有限公司(Sino Gold Mining Ltd.)引进细菌预氧化选矿工艺，使之前矿石难选冶的问题得到解决，使该矿的勘探研究得到进一步发展，并取得了大量新的地质资料和认识。至 2005 年底，矿床资源/储量为 126.25 t，达到超大矿床规模，成为"滇黔桂"矿集区目前最大的几个金矿床之一。2010 年由加拿大埃尔拉多黄金集团(Eldorado Gold Corporation)收购，2017 年由中国黄金正式收购并继续进行井下矿体开采。作为该区域内备受瞩目的金矿，烂泥沟金矿自发现以来，已经做过大量的生产及科研工作，积累了丰富的资料。

作为主要受到断裂构造控制的金矿床，烂泥沟金矿在生产勘探中最为关注的则是构造研究。罗孝桓(1993，1997a、b)、澳华黄金公司聘请的 SRK 公司以及 Geocentric 公司分别对该矿床的构造进行了详细的研究，并得出一些结论：(1)矿床在经历了早期由北东向南西的挤压后，形成了矿区内主要的北西向褶皱和断层；(2)晚期南北向的挤压，形成了东西向的叠加褶皱。成矿事件则主要与晚期的构造活动有关。

在成矿流体及成矿物质来源的研究上，Zhang 等(2003)认为该矿床的成矿流体具有富 CO_2(>0.05)、低盐度(相当于 3.9%~6.4% NaCl)、较高温度(200~250 ℃)和较大压力(60 MPa)的特征，与典型的低温热液矿床不同。稳定同位素特征表明流体中的硫来自围岩，碳来自围岩碳酸盐。刘显凡等(1996，1997，1998)通过包裹体对成矿流体物理化学特征、稳定同位素、稀有气体等的研究，认为成矿物质来源于深源地幔。苏文超等(1998)通过对石英中流体包裹体的微量元素特征进行研究，认为成矿流体与基性火成岩有关。Sr 同位素组成也表明了成矿物质的主要来源不是围岩(苏文超等，2000)。由于研究者采用的技术手段不同，对成矿物质来源的解释也具有多样性。在整个"滇黔桂"地区，成矿物质以及成矿流体的多来源特征可能普遍存在，但是在具体的单个矿床上，成矿流体可能主要受某一个流体的影响。然而受限于当时的分析技术，尽管对蚀变矿物、硫化物、流体包裹体等做了大量的微量元素、稀土元素、稳定同位素以及稀有气体同位素研究，却依然无法给出准确细致的流体来源以及演化过程等方面的信息。

在整个"滇黔桂"地区卡林型金矿年代学研究中，石英裂变径迹定年、流体包裹体 Rb-Sr 定年、黄铁矿 Re-Os 定年、绢云母 Ar-Ar 定年以及方解石 Sm-Nd 定年等方法都曾用于卡林型金矿年代学研究中。苏文超等(1998)对烂泥沟金矿进行了流体包裹体 Rb-Sr 定年，得出成矿年龄为 105.6 Ma，该结果与燕山期运动导致的右江盆地大规模热液流体活动背景相符合，但多期次包裹体的存在为该结果增加了一些不确定性。陈懋弘等（2007）对主要载金矿物含砷黄铁矿进行了 Re‑Os 定年，得到的成矿年龄为（193±13）Ma，该结果与他在 2009 年的文章（陈懋弘，2009）中用热液成因绢云母 Ar‑Ar 法得出的年龄[(194.6±2)Ma]基本一致。但是由于含砷黄铁矿已被证实具有两阶段生长，成矿阶段的增生含砷环带仅占较小一部分，因此该年龄是一个混合数据结果。在 2015 年，陈懋弘（Chen et al.，2015a）采用毒砂 Re‑Os 定年，给出了成矿年龄为（204±19）Ma，指出其成矿作用与印支期岩浆活动可能存在相关性。

1.3 选题依据及研究意义

"滇黔桂"地区是我国重要的卡林型金矿矿集区，尽管有 30 多年的勘查和研究历史，其找矿潜力仍然巨大。尤其是近几年提出的向深部空间找矿的战略，更是要求以现有典型矿床为重点对象，对矿床的成矿机制和成矿模型进行深入研究，建立起深部矿产资源的找矿方向。在美国内华达州的卡林型金矿，目前已经建立起深部岩浆活动‑岩浆热液矿床‑浅成低温矿床‑卡林型金矿之间可能存在的联系，这对该地区在深部岩浆热液矿床找矿方面有重要指导意义。

在卡林型金矿成矿流体的研究工作中，传统的研究对象通常是单矿物颗粒，包括含砷黄铁矿、毒砂、雄黄、辰砂、辉锑矿、石英、方解石以及高岭石等。含砷黄铁矿具有典型的核‑环带结构，且核部黄铁矿普遍被认为是形成于同沉积时期。黄铁矿的含砷环带宽度较窄，且环带内部还具有亚环带结构，其宽度均在 5 μm 以下。因此，不管是传统的黄铁矿单颗粒同位素分析，还是近年来兴起的原位 LA-ICPMS 微量元素分析，以及原位 SIMS 硫同位素分析，均无法从更小的空间尺度来分析含砷黄铁矿的形成，以及流体在成矿时的变化特征。

在传统 H‑O 同位素的分析中，常采用脉状石英作为分析对象，石英脉的期次则是通过穿插关系来确定。然而，在卡林型金矿的成矿过程中，与成矿直接相关的石英是在去碳酸盐化阶段过程中，SiO_2 取代碳酸盐的位置而沉淀所形成的。粗脉石英中很少见到有与之共生的含砷黄铁矿，且脉石英通常是切割或者胶结有含砷黄铁矿的碎屑粉砂岩矿石，该现象表明粗脉石英的形成时间应当晚于含砷黄铁矿。而包含有较多黄铁矿的细脉石英，其宽度通常在 100~200 μm 左右，无法用传统的单颗粒分析方法对其同位素特征进行研究。因此，采用原位分析方法，对似碧玉状石英和微细脉状石英以及粗脉石英进行微量元素及同位素的分析，有助于直接对流体在成矿作用中的变化进行探讨。

鉴于前人研究工作中存在的这些问题，本书选择了以主要矿石矿物含砷黄铁矿和主要脉石矿物石英作为研究对象，通过在更小空间尺度上对矿物的微量元素及同位素变化的分析，来揭示成矿流体地球化学特征在更小时间尺度上的演化过程，并以此讨论成矿流体的来源以及矿床成因模式，为整个"滇黔桂"地区低温矿床成矿模型提供新的证据。

1.4 研究内容及方法

1.4.1 研究内容

针对前人在烂泥沟金矿以及"滇黔桂"地区的研究中存在的问题，本次研究采用了兼顾高空间分辨率和低检出限的测试手段，进行了以下内容的研究工作：

1) 含砷黄铁矿环带结构特征

通过电子探针单点分析，对含砷黄铁矿的核部和环带的元素富集差异进行了区分。通过扫描电镜背散射以及电子探针元素面，对黄铁矿环带结构的背散射特征和元素分布规律进行了初步分析，并为后续纳米离子探针测试做准备。

2) 含砷黄铁矿环带 Au、As 等元素及硫同位素分布特征

通过纳米离子探针(NanoSIMS)元素面扫描，识别含砷黄铁矿环带中 Au、As 的分布位置及 Au、As 等元素之间的相关性，并以此探讨成矿过程中 Au、As 等元素的沉淀机制及变化。通过单点分析直径为 2 μm 的 NanoSIMS 原位硫同位素测试，揭示含砷黄铁矿环带的硫同位素变化规律，讨论成矿过程中热液流体的演化过程以及成矿流体来源。

3）石英微量元素及氧同位素特征

先通过镜下观察以及阴极发光确定出不同期次的石英，尤其是成矿期的似碧玉状石英，随后采用激光剥蚀等离子质谱（LA-ICPMS）和高精度高分辨率离子探针（SHRIMP）对不同期次石英的微量元素和氧同位素进行分析，揭示各期次石英中 Al、Li、Ti、Ge 等元素以及氧同位素的变化趋势，并以此讨论成矿热液流体物理化学条件演化过程和流体的可能来源。

4）烂泥沟卡林型金矿的成矿机制

结合黄铁矿和石英的原位分析数据，以及前人的年代学、动力学背景等研究，对本矿床中成矿流体的来源、演化过程、成矿动力背景等进行讨论，提出矿床的成矿机制，探讨成矿驱动机制以及物质来源。

1.4.2 研究方法

1）野外地质采样

对矿区内不同位置、不同金品位的矿石进行采样，选取有代表特征的样品。

2）岩石矿物显微鉴定

对矿石中的矿物组合进行分析，并选取代表性的含砷黄铁矿和石英赋存区域，以备后续分析。

3）扫描电镜（SEM）、电子探针（EPMA）分析

利用 SEM 和 EPMA 的 X 射线微束斑高空间分辨率的优势，对选定的含砷黄铁矿和石英进行定量、半定量的波谱点分析以及能谱元素面扫描分析，以此初步确定含砷黄铁矿的结构特征，为后续分析做准备。

4）阴极发光（CL）

利用中国科学院广州地球化学研究所的 MonoCL 阴极发光仪确定出各期次石英的阴极发光特征，为后续原位微量元素和同位素分析确定分析点位置。

5）激光剥蚀等离子质谱（LA-ICPMS）和高精度高分辨率离子探针
  （SHRIMP）

利用澳大利亚国立大学的 157 nm 激光系统和 SHRIMP Ⅱ 型离子探针对不

同期次石英的微量元素和氧同位素组成进行分析，以期探讨成矿过程中的流体来源及演化趋势。

6) 含砷黄铁矿纳米离子探针(NanoSIMS)分析

利用中国科学院地质与地球物理研究所的 NanoSIMS 50L，对微细浸染状的含砷黄铁矿环带进行元素面扫描和微区硫同位素分析，仪器初始离子束斑直径为 100 nm，硫同位素分析单点直径为 1~2 μm，以期探讨含砷黄铁矿形成过程中 Au、As 等元素的沉淀机制，以及流体来源和演化机制。

7) 含砷黄铁矿聚焦离子束–透射电镜(FIB-TEM)分析

利用中国科学院地球化学研究所的双束电子显微镜系统和透射电镜，对含砷黄铁矿环带进行原位取样，并进行透射电镜观察，以期查明含砷黄铁矿中金的赋存状态以及黄铁矿环带纳米矿物结构，探讨含砷黄铁矿的形成过程以及金的沉淀富集机制。

2

区域地质概况

"滇黔桂"矿集区与传统的右江盆地位置相吻合,位于扬子克拉通西南缘,地处云南-贵州-广西三省区交界处,总面积达到 90 000 km²(图 2-1)。该区域内大量的卡林型金矿床会同"川陕甘"地区卡林型金矿的发现,使中国成为仅次于美国的第二大卡林型金矿生产、研究的国家(陈懋弘,2007)。

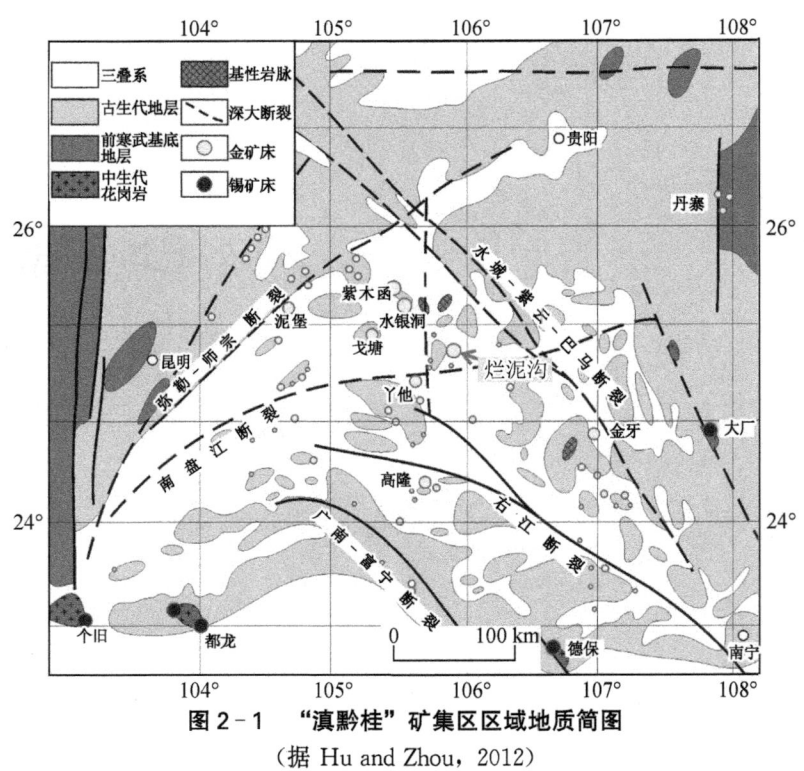

图 2-1 "滇黔桂"矿集区区域地质简图
(据 Hu and Zhou,2012)

"滇黔桂"矿集区主要由区域周边数个深大断裂同周边地块、变质带相隔。西南紧邻思茅-印支地块,以红河断裂带为界;西-西北向与哀牢山变质带相邻,以弥勒-师宗断裂为界;东-北东向与华夏地块和扬子克拉通相邻,以水城-紫云-巴马断裂带为界;东南向以凭祥-东门断裂带为界,与钦州海槽相邻;南部则以那坡-富宁断裂、丘北断裂为界,紧邻越北地块。整个区域长达 400 km,北东-南西向约 250 km,形成向北突出的三角形,因此也被称为滇黔桂"金三角"。

2.1 区域地层

"滇黔桂"矿集区以海相沉积地层为主，由元古代基底和上覆泥盆-三叠系浅海-深海沉积序列组成，分布面积占总面积90%以上。在加里东期之后，该区域下沉形成大型沉积盆地，并沉积了巨厚地层。沉积地层序列可分三个类型：典型深水盆地序列、大陆边缘序列和盆地内孤立台地序列。该地区主要出露地层为泥盆系、石炭系、二叠系和三叠系，北部区域偶见中-下侏罗统地层，上侏罗统及白垩系地层少见。

2.1.1 泥盆系

泥盆系地层在该区域广泛分布。中-下泥盆统地层少量出露于紫云、盘县[①]及普安县；中-上泥盆统则在南丹有发现，由一套典型的黑色泥岩组合及典型化石群组成，形成于中深海相沉积环境。主要岩性为纳标组的黑色泥岩、灰色白云质泥岩、薄层灰岩和砂岩，罐子窑组厚度达780 m的厚层灰岩、白云岩、泥质灰岩；火烘组厚度为75～1 120 m的夹细粒砂岩及泥灰岩的黑色泥岩组合，响水洞组厚度为35～276 m的硅质灰岩，代化组约30～307 m含透镜状白云岩的硅质灰岩。

2.1.2 石炭系

石炭系地层发育完整，出露于盘县、普安、贞丰及紫云等地，主要由浅灰色灰岩、砂岩和页岩组成，形成于浅海沉积环境。贞丰及紫云地区出露的深灰-黑色灰岩及硅质岩则形成于盆地环境。其中龙吟组为黏土质灰岩、页岩、灰岩及生物碎屑灰岩和少量钙质碎屑沉积岩，厚度为数百到上千米不等。

2.1.3 二叠系

下二叠统由区域北西到南东方向依次可分为台地相、台地边缘相和盆地

---

① 盘县现已更名为盘州市，地质研究中仍沿用旧称，下同。

相三个沉积相带。花贡组由薄层泥灰岩、厚层白云岩灰岩夹少量页岩砂岩组成，厚度为 100～550 m。栖霞组由厚层燧石灰岩夹少量页岩组成，厚度约 100～200 m。茅口组由浅色厚层灰岩、白云岩组成，厚度约 400～720 m。猴子关组由浅灰-灰色灰岩为主，含藻类及生物碎屑、泥质灰岩，厚度超过 1 100 m。南盘江组和四大寨组主要由泥岩和碎屑岩夹少量碎屑灰岩、泥质灰岩组成，厚度约 360～650 m。

与下二叠统不同的是，上二叠统则分为大陆边缘相（龙潭组）、台地相（吴家坪组）和盆地相（领好组）三个沉积相。龙潭组主要由黏土岩、砂岩、粉砂岩和页岩夹煤层组成，厚度约为 180～350 m，并伴有微弱的金矿化。吴家坪组主要由生物碎屑和藻类灰岩组成，厚度约为 200～280 m。领好组主要由深水黑色岩系、夹泥灰岩、泥质粉砂岩及硅质岩组成，厚度约为 480 m。

二叠系中较为特殊的一个地层称为"大厂层"或构造蚀变体"SBT"（刘建中等，2017），广泛分布于晴隆大厂、兴义七舍和安龙戈塘等地，并伴有金、锑等矿化。"大厂层"产于茅口组灰岩之上，为地层不整合接触面。在大厂有峨眉山玄武岩覆盖，戈塘等地则未见玄武岩。"大厂层"由三部分组成：下部为硅质岩或硅化灰岩，中部为硅化角砾岩，上部为硅化高岭石化页岩。其成因被认为是与玄武岩相关的热水沉积产物（赵成海，2014）。

2.1.4　三叠系

三叠系地层广泛分布于"滇黔桂"地区，是本矿集区最主要的赋矿层位，其沉积相从稳定台地相到深海盆地相变化。

下三叠统下段主要由飞仙关组、夜郎组、大冶组和罗楼组组成。其岩性依次为台地相砂岩、粉砂岩，浅海沉积相灰岩、泥灰岩及页岩，台地边缘相微晶灰岩，海盆相泥灰岩、页岩。下三叠统上段由永宁镇组、安顺组和紫云组组成。其岩性依次为大陆边缘相生物碎屑灰岩白云岩，台地边缘相厚层灰岩、泥质白云岩，海盆相碎屑灰岩、黏土岩。

中三叠统下段由关岭组、坡段组、青岩组和许满组构成。关岭组为台地相灰岩白云岩，坡段组为台地边缘相礁灰岩，青岩组为台地边缘斜坡相生物碎屑灰岩、泥岩，许满组由深海沉积相浊积岩序列组成。地层厚度由北西向南东方向逐渐增加。中三叠统上段主要分为珐琅组、垄头组和边阳组。珐琅组为台地相薄层状灰岩，垄头组为台地边缘相生物碎屑灰岩白云岩，边阳组为海盆相浊积岩序列。区域内中三叠统底部普遍有金矿化。

上三叠统地层主要分为赖石科组、把南组、火把冲组和二桥组。赖石科组为过渡相泥质岩，把南组为海相细粒夹层碎屑岩，火把冲组为海相煤层，二桥组为陆相粗粒碎屑岩。地层厚度从北西到南东相逐渐增厚。

2.1.5 侏罗、白垩、古近、新近系

侏罗系地层仅在盘县、郎岱县和贞丰县偶见。白垩-新近系为一组断陷盆地红色砂岩、泥岩及砾岩，在白色、广南、罗平—线有零星分布。

2.1.6 第四系

第四系地层在区域内有零星分布，主要为冲积、洪积、坡积、湖沼沉积和洞穴沉积等成因的砾石、砂和黏土堆积物，厚度小于 10 m。

2.2 区域内岩浆岩

"滇黔桂"地区岩浆活动发育，区域内部、边缘均有岩浆岩分布，岩浆活动从泥盆纪一直持续到晚三叠世。岩石类型包括侵入岩、溢流熔岩、火山碎屑岩等多种类型，岩性从基性-超基性岩到中酸性岩。总体上时间由早到晚，其活动强度、分布范围逐渐增加，岩性由基性岩转变为中酸性-酸性岩。海西-印支期岩浆活动强烈，早期以拉张环境下的基性岩浆活动为主，晚期在南东侧以双峰式岛弧岩浆活动为主。到燕山期则只有零星的酸性、偏碱性超基性岩，规模小。岩浆岩本身无高金背景值，部分基性岩则作为赋矿围岩与金矿有一定相关性。

2.2.1 偏碱性超基性侵入岩

偏碱性超基性侵入岩主要侵位于下二叠-中三叠统，呈脉状或岩墙状产出。单个岩墙长度从数十米到上千米，厚度从数十厘米到几米。仅龙窑岩体呈岩筒状产出，长 80 m，宽 50 m。岩性主要是斜长橄榄黑云母辉石岩，主要矿物为透辉石、普通辉石、黑云母和橄榄石，含少量尖晶石、磷灰石、金红

石、霓石和霓辉石。普遍有角砾和玢岩结构及围岩捕虏体。岩体多有蚀变，包括碳酸盐化、钾化和蛇纹石化。与普通超基性岩相比，其 SiO_2 和 MgO 含量较低，CaO、Al_2O_3 和 K_2O 含量较高，Nb、Sr、Ba 的含量也相对较高（贵州省地质矿产局，1987）。前人通过 K-Ar 定年认为该超基性岩为燕山运动产物。

2.2.2 煌斑岩类

煌斑岩主要出露于镇宁贬脚等地，岩体侵位于上三叠统边阳组地层。岩石具有典型煌斑结构，斑晶由透辉石、顽透辉石和金云母组成，基质主要为钾长石、细粒金云母及细粒透辉石，还含少量钠长石、磷灰石、榍石和金红石等。前人的同位素年代学研究表明其形成于印支期（苏文超等，2002）。

2.2.3 基性侵入岩

基性侵入岩主要分布在弥勒-师宗、水城-紫云-巴马和广南-富宁区域深大断裂带附近，时代从海西期到燕山期，包括望谟-罗甸岩群、普安-盘县岩群、西林-隆林岩群、阳圩-八渡岩群、巴马-义圩岩群、富宁岩群。

望谟-罗甸岩群侵入上石炭统-下二叠统围岩中，呈岩床状产出，长 1~10 km，厚 15~70 m，共出露岩体 11 处。岩体顶部常见气孔、杏仁状构造，外接触带有大理岩化、硅化。岩体主要矿物为斜长石，含少量磁铁矿、钛铁矿、橄榄石、磷灰石、锆石及榍石等（贵州省地质矿产局，1987）。前人的研究认为该岩群为二叠纪峨眉山玄武质岩浆活动东部边缘的次火山岩（韩伟等，2009）。

普安-盘县岩群主要出露在峨眉山玄武岩分布区域，侵入上泥盆统-下二叠统地层，最大出露长度达 40 km，厚度最大达 143 m，共有 80 余处辉绿岩体。前人研究认为该岩群形成于峨眉山大火成岩省喷发结束的时间，与全球生物大灭绝事件有关（朱江等，2011），盘县多处铜矿均与区域内玄武岩中凝灰岩层相关（刘远辉等，2003）。

西林-隆林岩群侵位于泥盆-二叠系地层，呈岩株、岩墙状产出。其主要矿物为普通辉石和斜长石，含少量黄铁矿、磁黄铁矿、磁铁矿、钛铁矿等。围岩常见角岩化、大理岩化和硅化。前人对隆林坡辉绿岩的同位素定年研究表明其形成时期为海西期(广西壮族自治区地质矿产局，1985)。

阳圩-八渡岩群侵位于泥盆、二叠系地层，呈似层状产出。其主要矿物为普通辉石、斜长石。八渡辉绿岩体于泥盆系郁江组地层接触带有卡林型金矿床产出(董文斗等，2013)。

巴马-义圩岩群侵位于石炭系地层，呈层状、岩墙状产出。岩相分带明显，主体为辉绿岩，中部见橄榄辉绿岩和辉长辉绿岩。其主要矿物为普通辉石和斜长石，含少量钛铁矿、钾长石黑云母。围岩常见硅化和大理岩化。巴马辉绿岩中有金矿产出。

富宁岩群侵位于上泥盆统-三叠系地层，呈岩脉、岩床、岩墙状产出，分碱性基性岩和基性岩两类。滇东南地区老寨湾、堂上及底圩等金矿在空间上与辉绿岩体的分布相关。

2.2.4 基性火山岩

基性火山岩分两期，一期分布于八渡地区下泥盆统莫丁组下部，含杏仁构造，夹硅质条带和灰岩团块。厚度80～100 m，出露面积约10 km^2。另一期主要分布于"滇黔桂"地区西北部，主要为峨眉山玄武岩，呈层状、透镜状分布，并含玄武质凝灰岩、火山角砾岩，厚度为79～1 130 m。

2.2.5 花岗岩

花岗岩主要分布在弥勒-师宗断裂以南和水城-紫云-巴马断裂以东地区，包括个旧岩体、文山薄竹山岩体、都龙岩体、昆仑关岩体、大明山岩群、笼箱盖岩体和芒场、巴马隐伏岩体。

2.3 区域构造

从板块构造尺度上看，"滇黔桂"地区位于特提斯构造域和濒太平洋构造域两大全球构造域交接部东侧，区域的发展演化与构造形变受到两者制约。尤其是该区域晚古生代以来的地质演化与特提斯洋的演化有密切关系。

该地区发育的区域性深大断裂主要为NE向的弥勒-师宗断裂带、NW向的水城-紫云-巴马断裂带、文山-广南-富宁弧形断裂带。三个断裂带构成了传统研究中"金三角"的地理位置，控制了大部分卡林型金矿的分布。同时，区域内部发育了 NEE 向的南盘江断裂、NW 向的右江断裂和 SN 向的普定-册阳断裂，这些断裂也对卡林型金矿的分布有明显控制作用。

弥勒-师宗断裂带北段始于富源，经师宗、弥勒向南与红河断裂带交会，延伸长度约 310 km。该构造混杂带由一系列倾向 NW、倾角 40~60°的逆断层、断层间多世代地层和岩浆岩构成。沿该断裂带广泛分布着基性火山岩。

水城-紫云-巴马断裂带沿着北盘江东侧，从北西向南东方向延伸。该断裂带控制了断裂两侧重力异常差异和沉积相的变化。该断裂经历了多期活动，泥盆、石炭纪时期存在北西向隆起和凹陷，表明其形成于海西期甚至早于海西期运动。印支期活动形成了断裂带附近的煌斑岩，燕山期运动则形成了北西端断续分布的褶皱和断裂。

文山-广南-富宁断裂带为向北凸起的巨大弧形断裂带，围绕越北古陆，可能形成于加里东期，并活动至印支-燕山期，喜山期可能受到红河断裂带影响。在海西期有基性岩沿着该断裂侵入和喷发。

南盘江断裂带从开远沿着南盘江向北东方向延伸，长度约 400 km。该断裂段由众多次级断裂组成，控制了两侧的重力异常和三叠纪沉积相的变化。

右江断裂带西端从隆林经过田阳、百色到南宁，走向北西西，宽度为 5~10 km，长度约 360 km。断裂带两侧普遍发育片理化、糜棱岩化和透镜体。

普定-册阳断裂带北端从普定向南经过关岭、贞丰、册亨到册阳的隐伏深断裂，向南还可能延伸到富宁，故也称之为关岭-富宁断裂。该断裂东西两侧的重力、磁异常差异明显。该断裂带控制了区域内多个大型、超大型卡林型金矿的分布。

2.4 本章小结

（1）"滇黔桂"地区的沉积地层序列分三个类型：典型深水盆地序列、大陆边缘序列和盆地内孤立台地序列。深水盆地沉积序列由深水碳酸盐岩、硅质岩、泥岩和其后发展的陆源碎屑浊积岩组成。大陆边缘序列发育于扬子克拉通被动大陆边缘，由浅水碳酸盐沉积夹少量陆源碎屑沉积岩组成。盆地内孤立台地序列则同时具有上述两类的特征。

（2）该区域海西-印支期岩浆活动强烈，早期以拉张环境下的基性岩浆活动为主，晚期在南东侧以双峰式岛弧岩浆活动为主。到燕山期则只有零星的酸性、偏碱性超基性岩，规模小。岩浆岩本身无高金背景值，部分基性岩则作为赋矿围岩与金矿有一定相关性。虽然大多卡林型金矿床空间产出位置与出露的岩浆岩位置并不相关，矿区范围内也未见岩浆岩出露，但区域重力异常和航磁异常揭示了区域内的地幔隆升，反映了该地区曾处于地壳扩张环境。

3 矿床地质特征

烂泥沟（锦丰）金矿位于"滇黔桂"矿集区西北部，毗邻扬子克拉通西南缘，行政隶属贵州省黔西南布依族苗族自治州贞丰县沙坪乡（图3-1）。矿床位于由西侧 NNE 向赖子山背斜、北侧 NW 向板昌逆断层以及南侧册亨 EW 向构造带三个区域构造围限而成的构造变形区北部顶点位置。在该区域南东顶点位置有百地金矿，西部顶点有板其和丫他金矿。沿着赖子山背斜的四周还分布着十几个大大小小的矿床、矿化点，但较大的矿床（矿点）均位于背斜的鼻状构造或顶点处。例如本矿床位于背斜北东端的鼻状构造处，南西端鼻状构造处有板年矿点，在北西端有坡稿矿点。

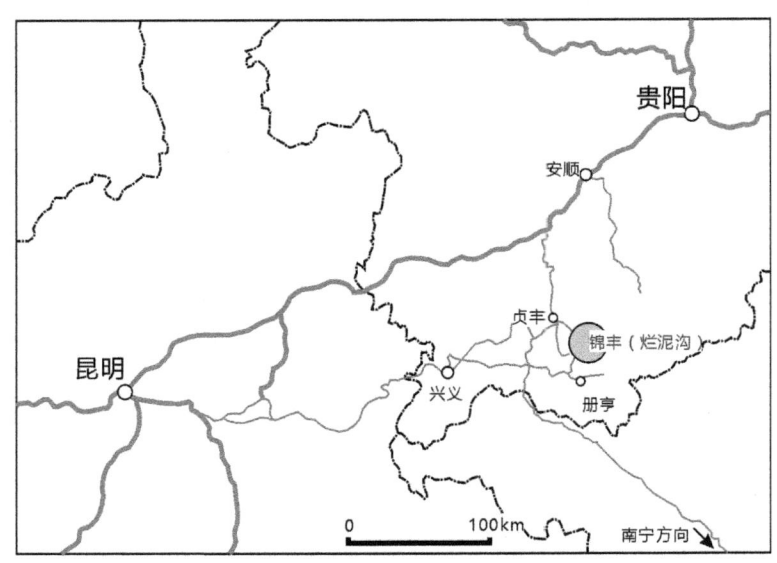

图3-1 贵州烂泥沟（锦丰）金矿交通位置图

3.1 矿区地质概况

3.1.1 矿区地层及岩性

烂泥沟金矿位于赖子山碳酸盐台地边缘的陆源碎屑岩盆地一侧，在两大沉积相区域的交接部位，沉积相复杂。矿区出露地层的岩性、岩相及厚度在横向和纵向上变化很大，主要可分为两套沉积序列：(1)台地相碳酸盐序列，主要包括石炭系和二叠系的地层；(2)盆地相陆源碎屑岩序列，主要为三叠系的地层。

浅水台地相碳酸盐岩出露在矿区的西部，主要包括石炭系马平组，二叠系下统的栖霞组、茅口组，二叠系上统的吴家坪组，以及跨越二叠世中晚期的台地边缘礁滩相沉积礁灰岩。在矿区东侧广泛出露的是中三叠世安尼期、拉丁期浅水陆棚相和深水盆地相的复理石建造，主要包括三叠系中统的新苑组、许满组、尼罗组以及边阳组。其中边阳组具有典型陆源碎屑浊积岩的特征，是研究区内主要的赋金层位，厚度最高达到800余米。早三叠世的印度期、奥伦期，台地边缘斜坡相沉积物形成了罗楼组地层，分布于北西部石柱-尼罗一带，分布范围与吴家坪组一致。砾屑灰岩分布在冗半-洛凡一线。

矿区出露地层见表3-1、图3-2和图3-3，各地层详细特征如下：

表3-1 矿区地层划分简表
（据赵成海，2014）

三叠系	中统	边阳组(T_2by)			
		尼罗组(T_2nl)			
		许满组第四段第二层(T_2xm^{4-2})			
		新苑组 (T_2xy)	第二段(T_2xy^2)	许满组 (T_2xm)	第四段第一层(T_2xm^{4-1})
					第三段(T_2xm^3)
			第一段(T_2xy^1)		第二段(T_2xm^2)
	下统	罗楼组(T_1ll)		砾屑灰岩(T_1lx)	
二叠系	上统	吴家坪组 (P_3wj)	第二段(P_3wj^2)	礁灰岩(Pjh)	
			第一段(P_3wj^1)		
		大厂层(P_3dc)			
	中统	茅口组(P_2mk)			
		栖霞组(P_1qx)			
石炭系		马平组(C_3mp)			

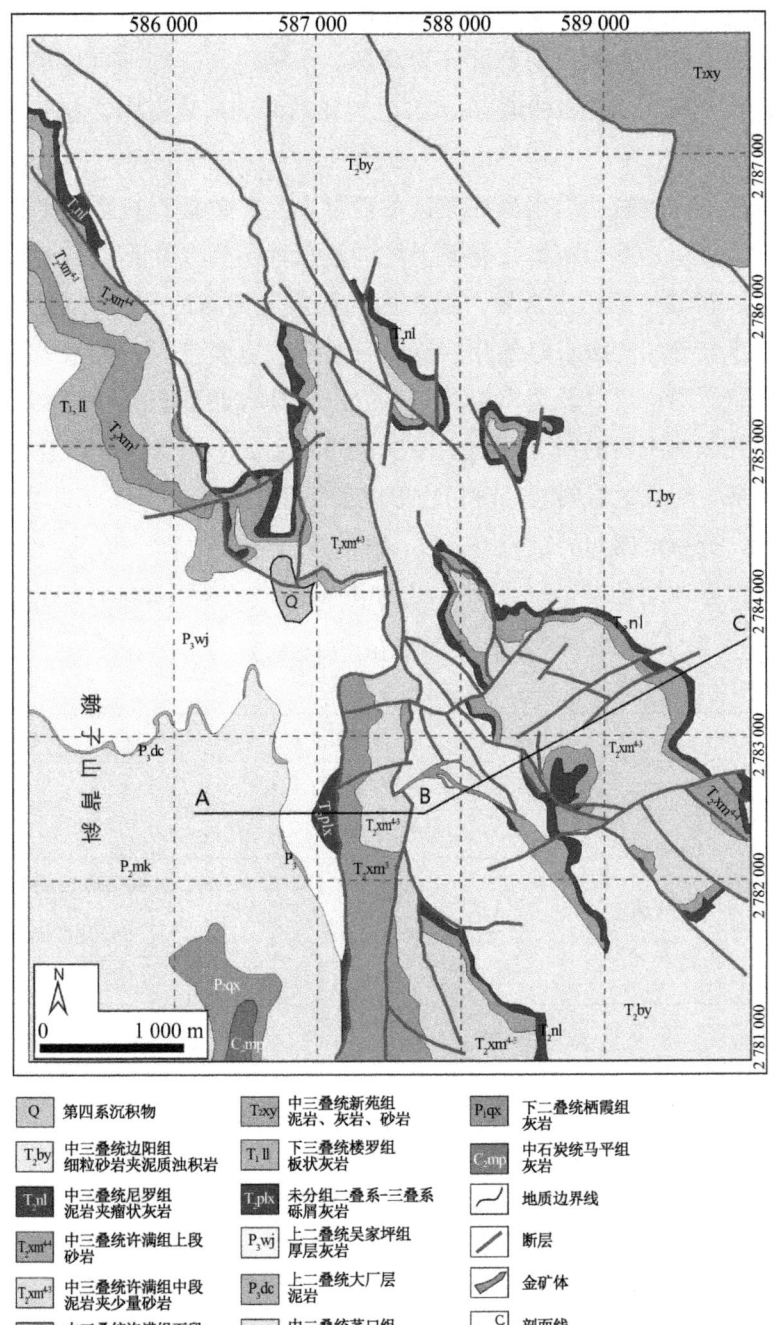

图 3-2 贵州烂泥沟金矿矿区地质图
（据 Eldorada Gold Corp.，2011）

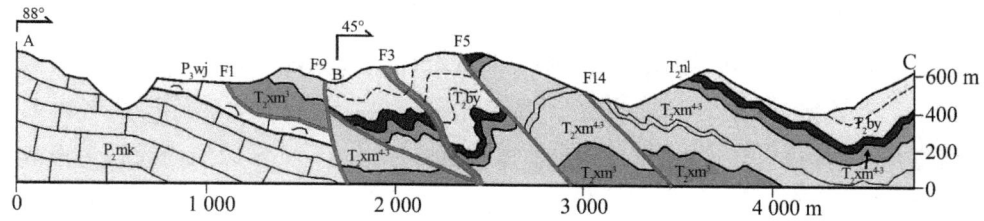

图 3-3 烂泥沟金矿矿区地质剖面图（图例同图 3-2）
（据 Eldorada Gold Corp.，2011）

1）石炭系

出露于央平到烂泥沟一线，是一套台地-台地边缘相浅水碳酸盐岩。

上统马平组（C_3mp）：分布在赖子山背斜核部的央友地区，主要是浅灰色、灰色的厚层状、块状灰岩，偶见砾状灰岩和泥页岩夹层，厚度变化较大，约为 20～520 m。

2）二叠系

栖霞组（P_1qx）：出露面积较小，仅在矿区西南角有见。主要岩性为灰色、浅灰色中厚层泥晶灰岩、生物灰岩，偶见燧石灰岩、泥质灰岩夹层，缝合线构造发育。厚度约为 100 m。

茅口组（P_2mk）：主要分布在矿区的南西部。主要岩性为浅灰色中厚层至厚层状亮晶灰岩、生物灰岩。厚度大于 200 m，并与下伏的栖霞组整合接触。

大厂层（P_3dc）：主要岩性为灰色、黄褐色、紫红色、杂色含粉砂质硅质黏土岩，鲕状、豆荚状铁铝质黏土岩，夹凝灰质黏土岩。该地层具有金矿化，局部有褐铁矿富集。有尖灭再现现象，厚度约为 0～18 m。与茅口组灰岩呈假整合接触。

吴家坪组（P_3wj）：根据岩性特征分为以下两段：

吴家坪组第一段（P_3wj^1）：在冗半以北，底部以灰色、深灰色中厚至厚层状亮晶灰岩、生物碎屑灰岩及燧石灰岩为主，含白云质团块，有薄层黏土岩夹层；中下部以灰色、深灰色厚层块状亮晶灰岩为主，含燧石结核灰岩和生物碎屑灰岩；上部以灰、深灰色中厚层状生物碎屑灰岩为主，夹少许钙质黏土岩；顶部以灰白、浅灰色薄层至中厚层状泥质粉砂岩为主。厚度约为 240 m，与下伏的大厂层或茅口组灰岩呈假整合接触。在冗半以南，岩性相变为礁灰岩组合(Pjh),以浅灰色、灰色块状水螅海绵礁灰岩为主。

吴家坪组第二段(P_3wj^2):冗半以北,底部以浅灰色角砾状含生物灰岩为主,含少量黏土岩;上部为灰色、深灰色厚层块状灰岩、生物碎屑灰岩、细晶及亮晶生物灰岩,白云质化强烈。厚度约为200 m。冗半以南则为礁灰岩组合(Pjh)。

3) 三叠系

罗楼组(T_1ll):分布于冗半矿段以北的哪盘、安堡等地区。岩性以灰色、深灰色瓦片状-薄层状泥晶灰岩为主。下部含黏土岩和泥灰岩夹层,上部含多层肉红色条带状凝灰岩。缝合线构造发育,含大量菊石化石。厚度约70 m。与下伏的吴家坪组平行不整合接触。冗半以南则相变为砾屑灰岩(T_1lx),以灰岩角砾岩、角砾状灰岩、泥晶灰岩、生物灰岩为主,厚度约为10 m,与下伏的礁灰岩呈假整合接触。

许满组第三段(T_2xm^3):底部以0～2 m的浅灰绿色火山碎屑凝灰岩(在区域上被称为"绿豆岩")为特征;下部为青灰色薄层灰岩、泥灰岩,有较多黏土岩夹层,含灰色薄层至中厚层细砂岩、粉砂岩夹层;中部主要为灰色、灰黄色薄层状黏土岩,含少量深灰、青灰色含泥质灰岩及深灰色粉砂岩透镜体;上部主要为灰色薄层至中厚层黏土岩、青灰色薄层状含泥质泥晶灰岩互层;顶部以青灰色薄层状灰岩为主。

许满组第四段(T_2xm^4):根据岩性特征,该段可分为四层。其中,第一、二层主要分布于磺厂沟矿段以南,在矿区内和矿区以北的地区缺失,因此导致第四段第三层(T_2xm^{4-3})直接与许满组第三段(T_2xm^3)接触。各层位岩性如下:

第四段第一层(T_2xm^{4-1}):主要岩性为灰黄色薄层至中厚层泥岩、黏土岩,少量含钙质黏土岩及薄层至中厚层粉砂质黏土岩组合,含薄层至中厚层黏土质细砂岩及粉砂岩夹层。与下伏地层的主要区别是不含灰岩。

第四段第二层(T_2xm^{4-2}):上部岩性为灰色、深灰色厚层状细砂岩至中粒砂岩,含钙质细砂岩,风化后呈黄褐色。中、下部岩性为灰色中厚至厚层状细砂岩与薄层至中厚层泥岩、黏土岩、粉砂质黏土岩不等厚互层,砂岩中含较多白云母。

第四段第三层(T_2xm^{4-3}):下部岩性为灰绿、浅灰或灰黄色薄层状黏土岩，含少量厚层状泥岩和钙质黏土岩，以钙质增多、层理发育为特点。上部岩性为深灰色厚层及块状泥岩、粉砂岩，层理不发育。上部和下部的细砂岩、粉砂岩夹层增多，且呈不连续透镜状分布，具有陆源斜坡相的特征。地层中同生黄铁矿发育，以团包装、条带状为主。该层位上部的深灰色厚层及块状泥岩是矿区内特殊的一套岩性，以不显示层理为特色。局部发育的滑塌构造也反映出了台地边缘斜坡的特点。

第四段第四层(T_2xm^{4-4})：主要岩性为浅灰、灰白色厚层至块状细砂岩，在顶部有泥质粉砂岩和少量的极薄层黏土岩夹层。砂岩中常见星点状、结核状粗粒立方体黄铁矿。厚度约10～110 m。该套地层是矿区的重要填土标志，同时也是重要的赋矿层位。

尼罗组(T_2nl)：岩性主要为灰色、深灰色薄层状钙质黏土岩，含薄层状泥质粉砂岩夹层，与下伏许满组厚层块状砂岩整合接触，界线清晰。中下部含0～7 m厚的瘤状灰岩夹层，厚度为10～46 m。该套地层岩性比较特殊，是本区重要的填图和钻孔编录标志层。

边阳组(T_2by)：主要岩性为灰色薄层至中厚层、厚层状细砂岩、粉砂岩、杂砂岩，含灰色薄层至中厚层状黏土岩夹层。该地层以层理清晰为特点，在矿区内分布很广泛。边阳组是一套浊流沉积地层，地层中鲍马序列发育，常见粒序层理、水平层理、斜层理和包卷层理。槽模、沟模、渠模和重荷模等示底构造发育。

3.1.2 矿区主要构造

矿区主要存在三个构造地质体：矿区西部的赖子山背斜、矿区东部的板昌逆冲断层以及位于这二者之间的冲断-褶皱块体（图3-2）。

1）赖子山背斜

赖子山背斜总体走向为北北东向，长度约为28 km，宽度约为15 km，北东部位宽，南西较窄（图3-2）。背斜核部出露的地层为石炭系黄龙组、马平组灰岩，以及二叠系栖霞组、茅口组灰岩。背斜翼部在北部、西部位置出露地层为上二叠统吴家坪组、下三叠统罗楼组，并逐渐过渡为盆地相的砂泥岩。在南东部，翼部位置缺失上述几个地层，取而代之的是台地前缘斜坡相礁灰岩和角砾状灰岩。该特征反映出，在台地南东部同生断层发育，地层缺失。

整个背斜的岩层产状平缓，倾角一般为10°～20°，为宽缓状背斜。背斜总体变形不强，在变形过程中表现为刚性地质体。

在赖子山背斜的四周，除了烂泥沟（锦丰）超大型金矿外，还断续分布了十多个矿山或矿点，具有明显的背斜控矿特征。王砚耕等（1994）和索书田等（1993）曾经认为，在赖子山背斜的南东部存在一个倾向北西的大型逆冲断层，因此把赖子山背斜划分为黔西南大型多层次席状逆冲-推覆构造前锋的一部分，并认为该逆冲推覆构造与板昌逆冲断层一起组成锋带弧顶区的构造三角带。另外也有研究者认为，在赖子山背斜的南东部并不存在一个倾向北西的大型逆冲断层，与之相反的是，台地周围的主要断层均向盆地倾斜。因此，赖子山背斜并不是一个外来地体，而是原地孤立碳酸盐台地，且与整个右江盆地内其他的孤立碳酸盐台地类似（Chen et al.，2011）。

2) 板昌断层

板昌断层是一条规模较大的区域断层，位于矿区北东部，长度约30 km，走向330°，倾向北东，倾角为50°～60°，由主断层和上盘的一系列次级断层组成，构成叠瓦状断层系。整个断层的断裂带较狭窄，宽度一般为1～5 m。断裂带内以砂岩为主的构造透镜体十分发育，占50%～60%，大小不一。透镜体的磨圆度较好，部分呈上行雁列式定向排列。透镜体受蚀变作用较强烈，通常为硅化、碳酸盐化。断裂带中的泥质成分包绕砂岩透镜体，并发育片理。Chen等（2011）认为，断层的运动学特征在总体上表现为逆冲性质，上盘局部地段发育的"Z"形褶皱轴面弯曲，指示出该断层上盘后期曾发生过（右旋）下滑，其特征与烂泥沟金矿床的构造变形一致。

3.1.3 岩浆岩

矿区内的岩浆活动出露较少，仅在离矿区25～30 km的贞丰白层发现有很小的偏碱性超基性岩体，岩体的侵位时代大多认为是在燕山期（贵州省地质矿产局，1987）。Liu等（2010）曾对白层岩体中的锆石进行了LA-ICPMS铀铅定年，获得的年龄为(88.1±1.1)Ma，对阴河、鲁容两处岩体中的金云母进行Ar-Ar定年，分别测得年龄为(85.25±0.57)Ma和(87.51±0.45)Ma，并认为该处岩体来源于部分熔融的亏损软流圈地幔，且受到不同程度的上地壳混染。陈懋弘等（2009）对白层岩体中的锆石采用SHRIMP U-Pb定年得到的年龄为(84±1)Ma，且根据锆石中的 Hf 同位素特征，认为该岩体来自富集地幔。

尽管在烂泥沟金矿矿区无岩浆岩出露，也缺乏岩浆岩与金成矿的直接相关证据，但矿区附近的碱性岩浆岩以及区域上重磁异常提示的隐伏岩体的存在，表明深部的岩浆活动仍然可能会对成矿过程产生影响。

3.2 矿体地质特征

烂泥沟(锦丰)金矿东西宽度约为 1 200 m，南北长约 1 500 m，矿体主要赋存在断层破碎带中，明显受到断层控制(图 3-4)。以断层 F2 为界，矿床分为两个矿段，北西部为冗半矿段，南东部为磺厂沟矿段。矿体主要部分位于磺厂沟矿段的北西向断层 F3(占整体储量的 81%)，以及北东向断层 F2 及深部 F7 断层中。容矿围岩为许满组到边阳组的钙质细砂岩和泥岩。

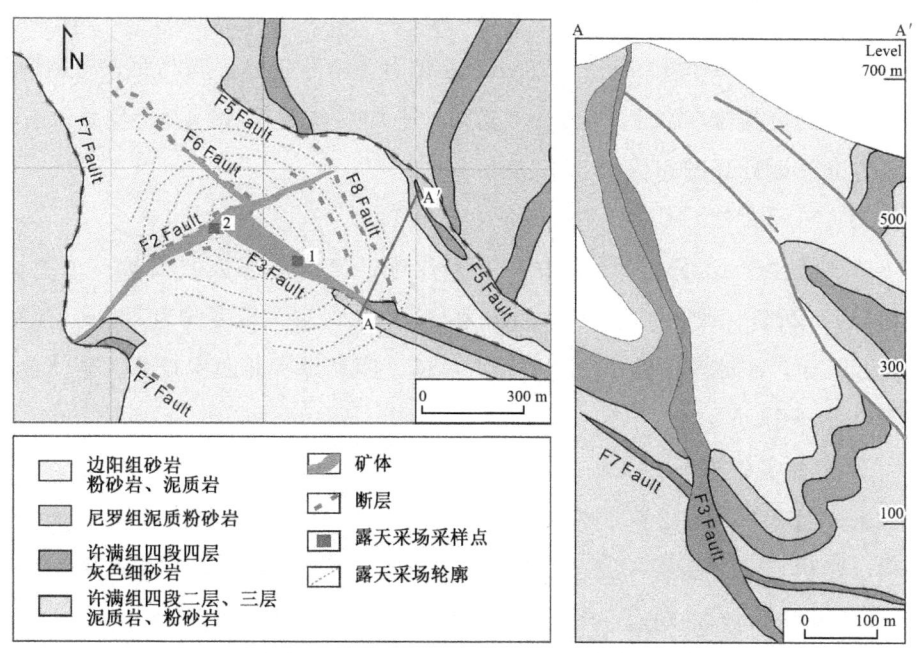

图 3-4　烂泥沟金矿露天采场及剖面地质图(矿体产状由钻孔控制)
(据 Chen et al.，2011)

3.2.1 矿体形态特征

烂泥沟金矿矿体主要包含两个矿段,由 6 个矿体组成,详细特征如下(赵成海,2014):

1) 冗半矿段

冗半矿段由大小不等的十余个小矿体组成,各小矿体分别赋存于规模不等、产状各异、性质不同的断层破碎带中。该矿段的特点是矿体多,但规模较小,品位低,矿体连续性较差。矿体走向主要受到与 F3 断层平行错位的 F7 断层控制,向矿区的北西方向展布,并受到矿区内次级断裂的控制。其中最主要的矿体有三个:受 F3 断层控制的 503 号矿体,受 F7 断层控制的 506 号矿体和受与 F2 断层平行的 F12 断层控制的未命名矿体。

① 503 号矿体

该矿体位于 F2 断层北西侧的 F3 断裂带中,矿体形态为似板状、透镜状,产状与 F3 断裂带一致,倾向 50°,倾角为 30°~45°,水平长度为 450 m,倾向延伸 350 m,矿体厚度约 1~29.8 m,总体上为南东较厚,向北西方向逐渐变薄。矿体的金品位在 0.11~30 g/t 之间,平均品位为 5.36 g/t,金品位有向南东方向逐渐升高的趋势。

② 506 号矿体

该矿体位于 F2 断层北西侧的 F7 断层中,矿体形态为似板状、透镜状,产状与 F7 断裂一致,倾向 80°,倾角为 40°~55°,水平长度约为 500 m,倾向延伸 500 m,矿体厚度约 1~12.6 m,总体上南东厚,北西向较薄。矿体金品位为 0.21~33.5 g/t。

③ 未命名矿体

未命名矿体为 F12 断层中的多个不连续小矿体,矿体形态为似板状、透镜状,产状与 F12 断层一致。倾向北,倾角约 80°,地表工程控制水平长度约 250 m,倾向延伸 350 m。矿体向东侧伏,与 F2 断层控制的矿体十分类似。

2) 磺厂沟矿段

磺厂沟矿段以矿体规模大、品位高、矿体垂向连续性好为特点(图 3-4)。其中受北西向 F3 断裂带控制的 300 号矿体是整个矿床最主要的矿体,控制了烂泥沟金矿的大部分金资源量。另外两个较主要的矿体是受北东向 F2 断层控制的 200 号矿体和受 F7 断裂带控制的 330 号矿体。

① 300 号矿体

该矿体位于 F3 断层破碎带中,在地表出露长度仅为 500 多米,但垂向延伸长度在 1 000 m 以上。矿体倾向北东,沿着与 F2 的交线向南东向侧伏,侧伏角为 55°。矿体形态为似层状,产状与 F3 断裂带一致,总体走向为 295°,倾向北北东,倾角变化较大,为 55°~85°,甚至直立或倒转。因受到 F3 断裂带制约,矿体形态在 600 m 标高以上为反"S"形,矿体向南陡倾;600 m 标高以下则以 75°倾角向北北东方向稳定延伸。矿体在 200 m 标高变陡,倾角在 85°以上。矿体单工程真厚度为 0.62~32.66 m,平均厚度为 7.9 m。矿体金品位最高可达 43.75 g/t,平均品位为 6.53 g/t。深部矿体受到 F3 和 F7 两个断层联合控制,在二者构造复合体位置形成了一个富矿体(赵成海,2014)。

② 200 号矿体

该矿体受到北东向 F2 断裂带的控制,矿体产状形态与断裂带一致,倾向南东,倾角为 40°~80°,矿体局部也存在直立甚至反倾的现象。矿体走向长度为 460 m,沿倾向方向控制的倾斜深度为 40~150 m,目前控制最大深度为 324 m。矿体形态为似板状,单工程真厚度为 0.67~17.67 m,平均厚度为 3.94 m。矿体金品位最高达到 19.54 g/t,平均金品位为 5.42 g/t。

③ 330 号矿体

该矿体为隐伏矿体,位于 F3 断层下盘的 F7 断层中。矿体出露标高为 200~30 m,总体往东埋藏加深。矿体形态为似层状,产状与 F7 断层基本一致,倾向为北北东,倾角约 30°。工程控制长度为 350 m,岩倾斜方向为 50~150 m。矿体与 F3 断裂带相交会的地方,矿体厚度和金品位较高,远离 F3 断层,矿体厚度和金品位逐渐降低。

3.2.2 矿体元素富集及变化规律

尽管冗半矿段和磺厂沟矿段的矿体在规模、金品位以及连续性上具有一定的差异,但是矿体的富集和变化规律都具有相似的特征。

(1) 不同方向构造的交会位置是矿体的膨大部位。例如磺厂沟矿段,在平面上典型的位置是 F2 与 F3 断层交会处,在剖面上的典型位置是 F3 与 F7 断层、F20 断层的交会处。交会部位的矿体不仅矿体膨大,其金品位也较高。

(2) 金矿化强度明显受到岩性组合的控制。在 F3 断裂带同一个构造部位,薄层至中厚层细砂岩、粉砂岩夹黏土岩更利于形成高品位金矿体,其含金性比黏土岩夹少许砂岩或单一的厚层块状砂岩要好。例如 F3 断层下断面一侧,岩性以砂岩为主夹黏土岩,其金矿化强烈,金品位多在 15 g/t 以上;而同一部位的 F3 断层上断面一侧,岩性则以黏土岩为主,其金品位则在 5 g/t 以下,并常伴有夹石(罗孝桓,1998)。深部勘探工作也表明,尽管许满组第四段第三层(T_2xm^{4-3})泥岩含矿性不好,但其中如果有砂岩夹层,则同样可以形成工业矿体。

岩性组合对金矿化控制作用的实质是各类岩石自身的物理化学特征对成矿作用的控制。砂岩颗粒较粗,多孔隙且硬脆,在构造作用中易破碎形成构造角砾,有利于成矿流体的进入。砂岩中的泥岩夹层则作为流体的阻滞层与砂岩渗透层相互叠置,有利于流体中元素的沉淀。

3.3 赋矿围岩特征

本矿床围岩和赋矿岩石主要是含钙细碎屑岩类,包括砂岩、黏土岩以及其过渡类型岩石(泥灰岩等)。各类岩石的特征如下:

1) 含钙质砂岩

该类岩石包括钙质细砂岩、粉砂岩和黏土质粉砂岩。基质支撑,具有细沙粒状结构、粉砂粒状结构,均由碎屑和胶结物组成。

细砂岩碎屑粒径主要为 0.1～0.25 mm,并由粉砂级颗粒与中粒砂屑相混。组成砂岩的碎屑成分以石英为主,其含量大约占 40%～60%。另外还含有少量的白云母(2%)、有机质碎片(焦沥青或煤屑)(2%),以及微量长石、方解石、锐钛矿、电气石、金红石和锆石等副矿物。

砂屑和有机质碎片均呈棱角-次棱角状,表明碎屑物质从源区搬运的过程中几乎没有磨圆,具有浊流快速沉积的特征。砂屑间的基质含有大量同沉积化学成因碳酸盐矿物亮晶方解石和白云石(24%),以及细粒石英(15%)、水云母蒙脱石等黏土矿物(10%)。

2) 钙质黏土岩类

该类型岩石包括钙质黏土岩、钙质含粉砂质黏土岩。组成黏土岩的主要矿物有泥晶白云石、方解石、水云母和蒙脱石等黏土矿物。钙质黏土岩具有显微鳞片状结构。该类岩石常形成含碳酸盐的粉砂岩层和贫碳酸盐的黏土层，含有较丰富的有机质碎屑。

3) 泥晶灰岩、白云岩类

该类岩石通常与钙质泥岩呈过渡关系。以化学沉积的碳酸盐岩为主，主要矿物为白云石，含少量黏土矿物和植物碎片，岩石均匀致密。

含钙质碎屑岩是烂泥沟金矿的一大特点。成矿热液活动过程中，去碳酸盐化作用一方面使岩石的孔隙度明显增加，改善了岩石的渗透性，有利于成矿流体的渗入，另一方面还提供成矿过程所需要的铁质，并提供充分的容矿空间。该过程与典型的卡林型金矿十分相似（Cline et al.，2003）。

3.4 矿石特征

3.4.1 矿石类型

按照矿石氧化程度，矿区内矿石类型可划分为氧化矿和原生矿两大类（赵成海，2014）。氧化矿主要分布在地表2～30 m范围内，呈土黄色、浅黄色、灰白色，褐铁矿化普遍，矿石结构疏松，无或少见黄铁矿等金属硫化物。原生矿是矿区的主要矿石类型，矿石物质组成复杂，黄铁矿、毒砂等金属硫化物含量较多，矿石呈深灰色、灰色、黑色等，与赋矿围岩特征相关。由于金矿化与硅化密切相关，因此矿石普遍含大量石英，且较坚硬。在该类型矿石中，金主要以不可见包裹金形式赋存，选冶试验研究认为其工艺类型为含砷贫硫化物难选冶金矿石。

在烂泥沟金矿的开采历史中，氧化矿是开采难度较小也是最先开采的部分，早在本次工作采样之前便开采完毕。本次采样对象主要为露天和地下采场的原生矿石。

3.4.2 矿石物质组成

1) 矿物组成

矿石中的矿物主要分为两大类：金属矿物和非金属矿物。非金属矿物是矿石的主要组成部分，占总量的95%以上，主要矿物包括石英、黏土矿物、方解石、白云石、白云母等。金属矿物主要是金属硫化物，含量一般小于5%，主要矿物为黄铁矿，其次为毒砂、雄黄、雌黄、辉锑矿、辰砂等。

2) 主要金属矿物特征

矿石中的金属矿物粒度均较小，其中黄铁矿的粒径稍粗，但大于0.071 mm的仅占6.83%。毒砂的粒径主要在0.052 mm以下，在本次研究工作中，他形石英中包裹的毒砂的宽度小于0.002 mm，长度大部分不超过0.01 mm。辉锑矿粒径较大，长度多集中在0.053~0.1 μm，部分与石英晶簇共生的针状辉锑矿长度则可达数毫米。次要矿物中，辰砂的粒径多在0.071 mm以上，方铅矿、闪锌矿、黄铜矿的粒度则均比较细小（罗孝桓等，1998）。各金属矿物的特征如下：

（含砷）黄铁矿：是矿石中主要的金属硫化物，占金属矿物相对含量的82.46%。含砷黄铁矿的结晶程度不高，多为半自形晶，以星点状浸染于砂岩、黏土岩中。黄铁矿与金关系最为密切，是最主要的载金矿物。含砷黄铁矿按粒度可分为两类：一类粒径在30 μm以上，通常具有典型的核部-环带结构，其环带为含砷、金部位，形成于成矿热液时期，其核部无金低砷，一般认为是形成于成岩时期；另一类含砷黄铁矿粒径通常在20 μm以下，多为5~10 μm，晶型较好，一般为五角十二面体，整颗粒均含金、砷，是热液阶段产物（图3-5）。

毒砂：占金属矿物相对含量的9.03%。结晶程度较高，多为自形、半自形针状或放射状集合体。罗孝桓等（1998）认为毒砂中也含有次显微金，是重要的载金矿物。但是其他典型的卡林型金矿毒砂LA-ICPMS分析表明（Arehart et al.，1993），毒砂中的含金量很低，甚至不含金。

辉锑矿：该矿物在矿石中较少见，仅占金属矿物相对含量的2.35%。矿物结晶较好，多呈针状、柱状或不规则集合体，一般与方解石一起，分布在石英晶簇或间隙中。

图 3-5 烂泥沟金矿露天采场矿体及矿石

辰砂：含矿很少，仅占金属矿物相对含量的 0.54%。矿物结晶程度较高，粒度也较粗大，通常存在于石英脉中。

雄（雌）黄：在成矿期后的石英脉中常见，占金属矿物相对含量的 4.05%。雄黄含量比雌黄多，通常与脉状石英晶簇、方解石等共生，石英晶体中也常有雄黄包裹体。

此外，金属矿物还有方铅矿、闪锌矿以及黄铜矿等，但这些金属矿物的含量均相当低。单矿物分析表明，辉锑矿、雄（雌）黄等晚期硫化物中基本不含金。

3.4.3 矿石结构构造

(1) 自形、半自形粒状结构：部分黄铁矿、辰砂、雄黄、辉锑矿呈自形或半自形粒状结构分布。

(2) 他形粒状结构：部分金属矿物呈他形粒状结构星散分布。

(3) 自形、半自形针状结构：部分毒砂、辉锑矿呈自形或半自形针状或针状集合体分布。

(4) 环带结构：含砷黄铁矿的典型结构。以先形成的不含金低砷黄铁矿为核，外部形成含金高砷的黄铁矿环带(图 3-6)。

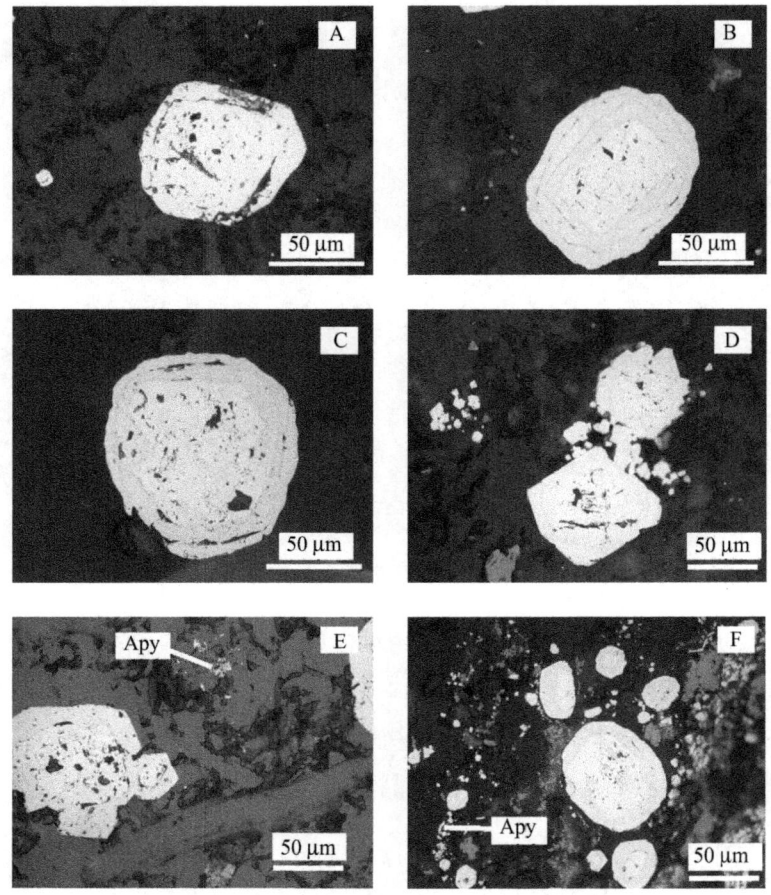

图 3-6　烂泥沟金矿含砷黄铁矿形态（Apy 为毒砂）

(5) 浸染状构造：矿石中的含砷黄铁矿通常以浸染状构造分布在粉砂岩中，另外一些金属矿物如毒砂、辰砂、方铅矿、闪锌矿和黄铜矿也呈星点状、浸染状分布。

(6) 脉状、网状、条带状构造：石英、方解石主要以脉状、网状构造分布，部分受后期构造改造的黄铁矿呈条带状分布。

(7) 角砾状构造：由于矿体主要产出在断层破碎带中，因此含黄铁矿的矿石通常在构造应力下形成角砾。

3.4.4 金的赋存状态

金的赋存状态一方面对选冶工艺有很大的影响，另一方面金在含砷黄铁矿中的赋存状态可以指示金在成矿过程中的沉淀机制，对研究流体演化过程有重要作用，因此"滇黔桂"地区卡林型金矿中金的赋存状态一直是一个重要的研究课题。在前人的研究工作中，一般认为金的赋存状态有以下三种：

1) 以次显微包裹金存在于黄铁矿中

李福春和叶荣(1996)对广西金牙金矿的研究认为，约有84%的金以超显微机械混入的形式赋存在黄铁矿、毒砂等载金矿物中，呈原子态存在。

朱笑青等(2000)认为硫化物类矿物普遍具有较强的吸附能力，金在溶液中能够以纳米级微粒单质的形式存在，形成胶体体系并随流体运移。在遇到先形成的硫化物或炭质岩石时，金则被吸附并富集成矿。

2) 呈离子态赋存于黄铁矿晶格中

李九玲等(2002)认为金以对阴离子$(AsAu)^{2-}$的形式在毒砂和含砷黄铁矿晶格中占据$(AsS)^{3-}$中S的位置。李福春和叶荣(1996)也认为金牙金矿中有10%的金以离子态晶格金存在，占据矿物晶格。

3) 吸附金

主要受到伊利石、蒙脱石、高岭石以及炭质有机质等吸附作用，存在于颗粒边缘或层间。

在前人研究工作中，含砷黄铁矿中金的赋存状态主要是靠电子探针、LA-ICPMS等含量分析数据，结合金的溶解度等提出。但是由于检出限或空间分辨率的限制，含砷黄铁矿环带中Au的具体分布状态并没有任何数据，极大地限制了对金赋存状态的讨论(Deditius et al.，2014)。

3.5 矿化蚀变特征

热液蚀变是整个热液成矿过程中非常重要的组成部分。从整体上看，矿床中碎屑沉积岩的围岩蚀变作用并不是十分强烈，在野外也看不到明显的围岩蚀变分带。尽管各种蚀变作用难以单独区分，但是从矿床中岩石结构、矿石矿物及脉石矿物特征，仍然可以识别出几种热液蚀变作用，包括硅化、去碳酸盐化、硫化、黏土矿化以及碳酸盐化。其中最常见的是硅化和黄铁矿化。

3.5.1 硅化

硅化作用是矿床中最重要的一种热液蚀变作用，在成矿的各阶段均有发育。总体上，硅化作用可分为早期、主成矿期、晚期以及成矿期后四个阶段。成矿早期阶段硅化作用较弱，主要形成的是浑浊、透明度低的他形细粒石英及玉髓，且石英中常包含炭质、泥质等杂物。主成矿期的硅化作用最为强烈，形成不规则的他形微细粒状石英或似碧玉状石英，通常沿着容矿岩石中的孔隙或取代碳酸盐的位置进行交代，并伴随有大量的半自形、他形粒状含砷黄铁矿，以及针状毒砂等硫化物。成矿晚期的硅化作用常形成细脉石英充填于含砷黄铁矿周围的孔隙，以及围岩中作为流体渗流通道的微细裂隙，石英中常包含有少量成矿阶段的含砷黄铁矿。成矿期后的石英通常以较粗网脉切割矿石，或以晶簇状石英脉伴随有方解石、辉锑矿、雄（雌）黄、辰砂等硫化物产出。

3.5.2 去碳酸盐化

去碳酸盐化是整个"滇黔桂"地区普遍存在的现象，通常同时伴随硅化作用的发生，使钙质围岩中的碳酸盐矿物溶解，并由硅化作用形成的石英占据碳酸盐矿物的位置(Hu et al.，2002；陈懋弘，2007)。镜下观察时，在硅化作用较弱的矿石样品中，仍然可以见到粉砂岩基质中未被完全溶解的方解石或白云石以及硅化作用形成的他形石英。在前人的研究中普遍认为，去碳酸盐化为成矿过程中含砷黄铁矿的形成提供了大量的 Fe 元素(陈懋弘等，2007)。

3.5.3 硫化作用

硫化作用形成黄铁矿、毒砂、雄（雌）黄、辉锑矿、辰砂等硫化物。硫化作用是围岩金矿化的重要指示标志。热液含砷黄铁矿的形成与金从流体中沉淀出来的过程密切相关，包括黄铁矿化、毒砂化、辉锑矿化、雄（雌）黄化以及辰砂化(图 3-7)。

1) 黄铁矿化

黄铁矿化主要与硅化作用密切相关,形成他形粒状或五角十二面体状含砷黄铁矿,与主成矿阶段形成的他形或似碧玉状石英密切共生。含砷黄铁矿的最大特点是环带十分发育,既有对称环带也有不对称环带,既有单环带也有多环带。背散射图像表明,即使在单环带黄铁矿中,环带内部还存在成分亚环带。含砷环带是本矿床最主要的载金矿物,对含砷环带的研究可以提供黄铁矿形成过程中流体性质的变化,对探讨成矿流体来源和演化有重要意义。因此在本书的第5章专门对含砷黄铁矿环带的矿物学以及地球化学特征进行了详细的研究。

2) 毒砂化

毒砂与含砷黄铁矿同时出现,含量一般小于1%,通常以棱角状、针柱状、放射状出现在主成矿阶段形成的他形石英中或与含砷黄铁矿一起存在于石英等矿物间隙中(图3-6 E、F)。赵成海(2014)认为,毒砂是在成矿前的热液活动中形成的,成矿阶段中毒砂受到热液作用溶解、交代,未被完全溶蚀的毒砂以吸附作用使溶液中的部分金沉淀,使毒砂成为载金矿物之一。

图3-7 烂泥沟金矿矿石中晚期硫化物

3) 辉锑矿化

辉锑矿化分布十分局限，仅在个别矿石中可见(图 3-7A)，呈他形集合体或针状集合体，通常与成矿晚期的石英、方解石脉共生。

4) 雄(雌)黄矿化

雄(雌)黄矿化通常呈致密状产出于成矿后期阶段的石英-方解石细脉或网脉中，更为常见的是充填于矿石角砾裂隙中(图 3-7B)。通常与成矿后期石英、方解石共生。

5) 辰砂矿化

辰砂矿化在矿石中较少见，与成矿期后的硅化石英脉、方解石及辉锑矿等硫化物共生(图 3-7C、D)，呈团块状、粒状、细小板状产出。

3.5.4　黏土矿化

黏土矿化分布较广泛，主要分为两期蚀变作用：第一期为岩石中普遍交代的伊利石化，其表现为岩石基质的黏土矿物转变为伊利石，并与主成矿阶段形成的他形石英共生；第二期为等轴状的微粒高岭石和放射状绢云母，充填于石英、方解石脉孔洞中。

3.5.5　碳酸盐化

碳酸盐化主要是方解石化和少量的白云石化。方解石化是成矿期后的主要蚀变作用之一，通常在矿体顶部形成大量的方解石脉，或与成矿期后的石英、硫化物等矿物共生。前人的研究表明，通过对方解石脉的稀土元素特征进行分析，可以指示原生矿体的存在(张瑜等，2010；王泽鹏等，2012)。

3.5.6　蚀变和矿化分带

通过地表露头和钻探岩芯的观测以及岩石薄片的研究发现，矿体及其围岩蚀变矿物的分布规律如下：

(1) 矿体中硅化作用强烈，主要以交代石英和脉状充填石英出现。

(2) 铁白云石和白云石主要在围岩中出现，矿体中的白云石多被硅化作用形成的石英取代。矿体中碳酸盐矿物的缺失是由去碳酸盐化和硅化作用引起的。

(3) 矿体边缘有大量毒砂出现，可能反映了较早阶段的热液交代或存在成矿前的热液流体活动。

成矿流体沿着早期的断裂或容矿围岩孔隙运移，对流体通道和容矿岩石进行交代和蚀变。黏土矿化、绢云母化与矿体关系紧密，但这些蚀变作用大多又局限于容矿岩石，且紧邻矿体，无法作为有效的区域勘探标志（赵成海，2014）。

3.6 本章小结

(1) 烂泥沟卡林型金矿处于孤立碳酸盐台地与陆源碎屑岩盆地交接部位。矿区内沉积相复杂，主要可分为赖子山背斜台地相碳酸盐岩沉积序列和盆地相陆源碎屑岩沉积序列两套岩性。矿体位置位于陆源碎屑岩盆地一侧，其主要的赋矿岩石层位为中三叠统许满组至边阳组的钙质粉砂岩、泥质岩。成矿与构造和岩性组合有关，没有地层专属性。

(2) 矿体主要受到断层控制，是典型的断控性金矿床。矿体的主要赋存位置是磺厂沟矿段的北西向F3断层（其金储量占总储量的81%），以及F3断层与F2断层的交会部位。矿体的形态以及金富集规律均受到断层性质的控制。

(3) 矿石主要为原生含砷硫化物难选冶金矿石，主要的载金矿物是具有环带结构的含砷黄铁矿，毒砂、黏土矿物等也含有少量金（陈懋弘，2007；赵成海，2014）。矿石以微细浸染状构造为主，部分呈脉状、角砾状。金主要以不可见金的状态赋存于黄铁矿含砷环带中。

(4) 热液蚀变类型可分为三个阶段：① 成矿早期阶段有去碳酸盐化、弱硅化、黏土矿化；② 主成矿阶段有硅化、黄铁矿化（含砷黄铁矿环带增生）、毒砂化、伊利石化；③ 成矿晚期或成矿期后阶段有脉状（晶簇状）石英、方解石化、雄黄矿化、辉锑矿化、辰砂矿化等。金成矿作用主要与第二阶段中的含砷黄铁矿环带增生密切相关。

4

石英的矿物学及原位地球化学研究

石英是一种普遍存在于卡林型金矿中的脉石矿物，在去碳酸盐化阶段方解石溶解之后取代方解石的空间位置而形成。硅化作用是卡林型金矿成矿过程中一种重要的蚀变类型，在空间上与 Au 的分布密切相关(Bakken，1990；Cline et al.，2000；Hofstra，2000；Cline et al.，2005)。作为一种重要的含氧脉石矿物，石英被认为是从成矿流体中直接沉淀形成的，其同位素特征以及流体包裹体可以直接提供成矿流体中水的来源以及流体中元素组成等信息(Lubben et al.，2012)。

4.1 石英相关的研究现状

在传统研究方法中，石英以及其中的流体包裹体常被用作研究成矿流体性质的重要对象，包括流体包裹体温度、盐度、压力、密度测试以及单矿物 H-O 同位素分析(Hu et al.，2002；Zhang et al.，2003)。其分析对象通常为粒度较大的脉状石英，通过石英脉相互之间以及与矿石的穿插关系来确定石英脉的形成顺序以及期次。这些以石英脉为研究对象的方法在中高温岩浆热液矿床的研究中非常有效(Mao et al.，2017)。岩浆热液矿床中大幅度的温度变化以及丰富的矿物共生组合，使得在不同温度条件下形成的石英仅仅凭借包裹体测温、穿插关系和不同的矿物组合就能较好地区分出形成期次。随着原位分析技术的不断进步，采用激光剥蚀等离子体质谱(LA-ICPMS)对石英中单个包裹体化学成分的分析，直接揭示了不同阶段成矿流体的化学组成和演化过程，对成矿流体的研究起到了很大的推动作用(Su et al.，2012)。

与岩浆热液矿床不同的是，在卡林型金矿中，成矿流体温度较低且变化范围窄。在开放空间以晶簇状或脉状形态充填于矿石角砾中的石英较普遍，但是在成矿早期与去碳酸盐化同时发生以及在主成矿期与含砷黄铁矿密切相关的石英却很难鉴别(Lubben et al.，2012)。因此对卡林型金矿中石英的研究长期停留在传统石英流体包裹体以及 H-O 同位素分析上。Su 等(2012)对卡林型金矿中单个流体包裹体的研究,以及 Lubben 等(2012)采用离子探针结合阴极发光手段对主成矿阶段和其他各阶段石英的 O 同位素的研究工作,将卡林型金矿石英研究工作带入原位分析阶段。

在本次工作中,我们借鉴了 Lubben 等(2012)的工作,采用阴极发光(CL)手段,对成矿早期去碳酸盐化阶段以及主成矿期与含砷黄铁矿共生的他形-似碧玉状石英进行鉴别,并采用激光剥蚀等离子体质谱(LA-ICPMS)和高精度高分辨率离子探针(SHRIMP),对各阶段石英的元素组成和氧同位素组成特征进行研究。

4.2 样品采集和处理

为了采样具有代表性,我们从露天采场和地下坑道分别采集了不同金品位的样品。样品在所有实验分析之前磨制成包裹体薄片,进行前期准备工作,包括镜下观察、电子探针分析、阴极发光分析等。为了便于进行 SHRIMP 氧同位素分析,经过前期准备过程,选取好需要分析的位置之后,将所有待分析部位的薄片均切割成 5 mm 左右的样品,并制成直径为 1 in (25.4 mm) 的圆形靶(图 4-1)。

图 4-1 SHRIMP 分析石英样品靶(直径 1 in,表面喷碳)

4.3 石英流体包裹体研究

4.3.1 测试方法

本次采集的样品中，石英流体包裹体较少，主要出现在与辉锑矿、雄黄共生的石英脉或晶簇状石英中。本次显微测温使用的样品，基本是与雄黄、辉锑矿等矿物共生的成矿晚期石英。通过镜下观察确定好原生包裹体位置之后，主要对包裹体进行了包裹体大小、气相比例、均一温度以及冰点温度测试。

包裹体显微测温采用了 Linkman 显微冷热台，仪器由已知均一温度和冰点温度的人造包裹体校准。温度测量的误差为±0.1 ℃。均一温度测试时，采用两阶段加热，第一阶段以 35 ℃/min 速度升温，在接近 150 ℃时，用 0.5～1 ℃/min 的速度逐渐升温，并观察气相消失达到均一流体相时的温度。冰点测试时，先将温度降低至零下 40 ℃左右至气泡消失或体积不再变化，然后逐渐升温至 0 ℃以下，待包裹体中冰完全融化时，记录此时温度。包裹体的等效 NaCl 盐度由冰点与盐度关系计算得出(Bodnar et al.，1985)。

4.3.2 流体包裹体测试结果

烂泥沟金矿中石英流体包裹体照片见图 4-2，测试数据见表 4-1。

从镜下观测发现，该矿的石英流体包裹体普遍较小，可用于测温的包裹体长度在 5～10 μm 左右。均一温度范围为 103～225 ℃，主要分布在 150 ℃和 230 ℃两个峰值左右；冰点温度范围为-7.4～-0.4 ℃，对应的 NaCl 盐度[①]为 0.71%～10.98%，主要分布在 5.5%(图 4-3)。由于样品主要为晚期成矿石英，由此得出的均一温度比成矿早期偏低。在前人的研究工作中，烂泥沟金矿的石英包裹体均一温度为 170～350 ℃，主要集中在 200～275 ℃，晚期石英包裹体均一温度为 170～210 ℃(Zhang et al.，2003)，本次工作获得的晚期成矿温度结果与前人基本一致。

[①] 注：本书中盐度均以质量百分比表示。

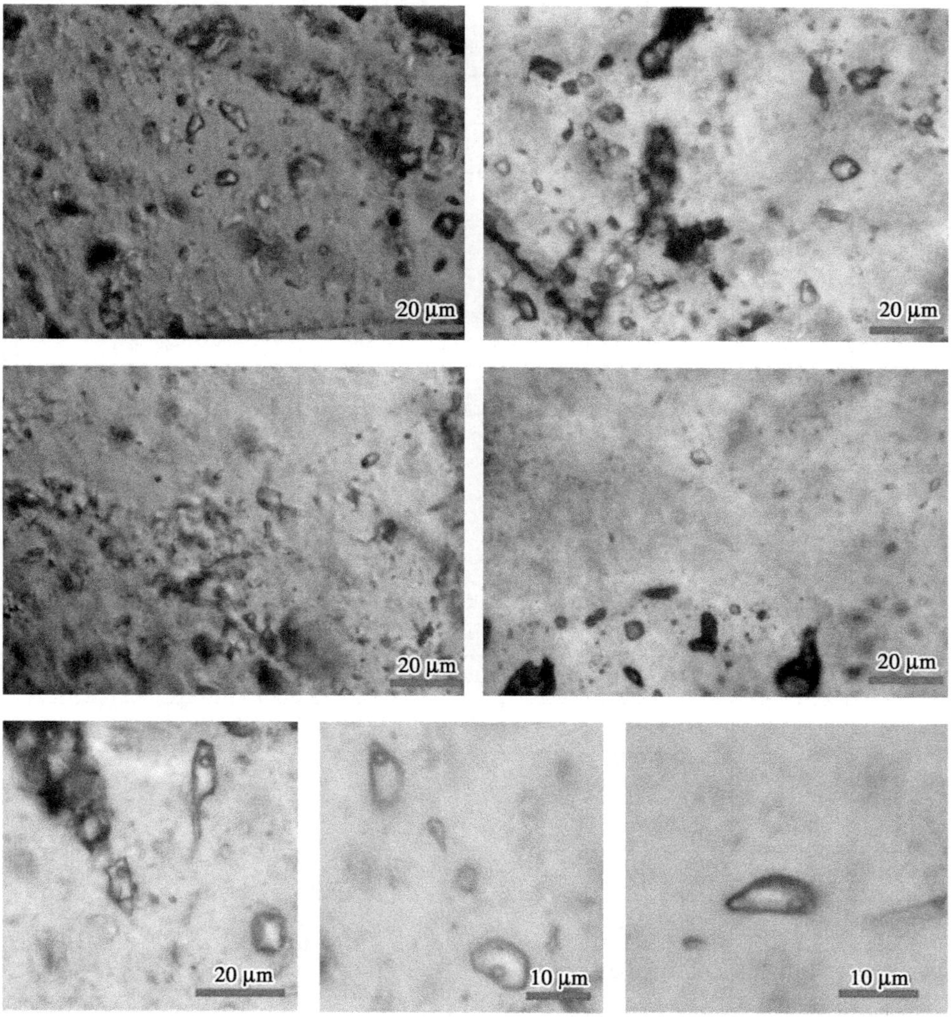

4 石英的矿物学及原位地球化学研究

图4-2 部分流体包裹体照片

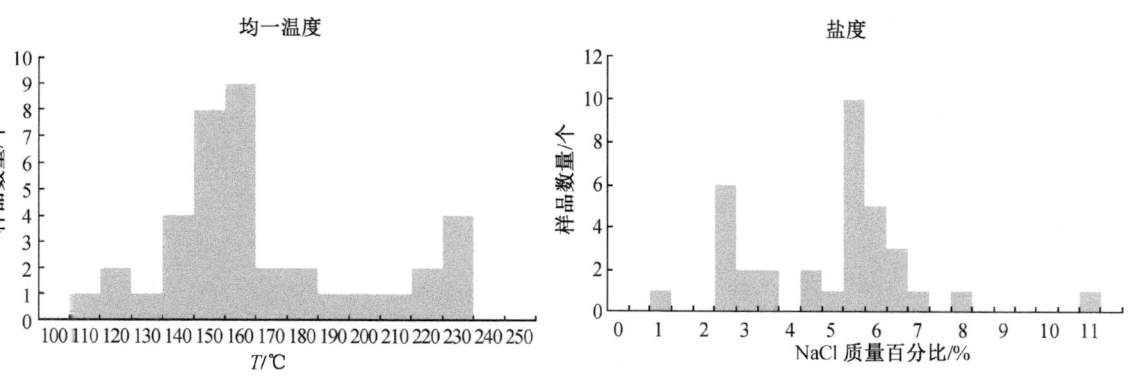

图4-3 烂泥沟金矿流体包裹体均一温度、盐度分布

表4-1 流体包裹体显微测温数据

序号	大小/μm	体积占比/%	冰点温度/℃	均一温度/℃	盐度(NaCl质量百分比)/%
1-1	5.4	10	−3.1	116	5.11
1-2	5	15	−4.1	209	6.59
2-1	5	20	−1.3	222.7	2.24
2-2	10	10	−1.3	199.1	2.24
6-3	6	10	−3.9	158.5	6.3
1-1-2	4.5	10	−1.3	138	2.24
2-1-2	3	20	−0.4	118	0.71
1-1-3	5	10	−4.8	156.8	7.59
1-2	6	10	−3.2	151.3	5.26
3-1	6	10	−3.2	140	5.26
4-1	12	10	−1.4	146.9	2.41
5-1	5	10	−1.3	146.7	2.24
6-1	8	5	−7.4	103	10.98
6-2	7	5	−2	146.7	3.39
7-1	5.5	10	−3.5	213.5	5.71
8-1	10	5	−3.1	173	5.11
9-1	15	10	−3.1	158.2	5.11
10-1	10	10	−3.2	158.5	5.26
10-2	10	10	−3.1	153.5	5.11
11-1	10	10	−3.2	156.6	5.26
12-1	6	15	−3.6	148.1	5.86
13-1	11	10	−1.4	165	2.41
14-1	8	20	−1.7	228.4	2.9
14-2	7	10	−1.8	221	3.06
16-1	6	10	−2.5	225.4	4.18
16-2	6	5	−4	179.5	6.45
17-1	9	15	−3.4	214.9	5.56
18-1	10	10	−1.7	148	2.9

续表 4-1

序号	大小/μm	体积占比/%	冰点温度/℃	均一温度/℃	盐度(NaCl 质量百分比)/%
8-2	8	10%	−2.7	160	4.49
20-1	4.3	30%	−3.7	184.9	6.01
20-2	6.3	10%	−3.2	153.6	5.26
21-1	6.5	10%	−3.5	161.1	5.71
22-1	7	10%	−3	148	4.96
22-2	7	10%	−3.3	150	5.41
23-1	5	10%	−3.5	138.5	5.71

4.4 不同阶段石英在镜下及阴极发光(CL)的形貌特征

在镜下观察之后，我们对选定的区域进行了阴极发光拍照，阴极发光测试在中国科学院广州地球化学研究所完成。根据显微镜透射光观察以及阴极发光特征，我们将样品中所有石英分为了四个阶段：沉积碎屑石英、成矿期似碧玉状石英、成矿晚期细脉状石英、成矿期后晶簇状粗脉石英。各期次石英特征见图 4-4 和图 4-5。

沉积碎屑石英(Cqz)是赋矿围岩钙质粉砂岩中的石英碎屑，与成矿无关。其形态为颗粒状，直径约 100 μm 或更大，镜下透光。在阴极发光图像中，亮度普遍较高，有明显的棱角或碎裂痕迹。

成矿期似碧玉状石英(OSjsp)是与含砷黄铁矿、毒砂共生的他形细粒状石英，直径通常小于 100 μm，并包裹微细粒(小于 10 μm)含砷黄铁矿或毒砂，颗粒间通常充填黏土矿物和大颗粒含砷黄铁矿。在阴极发光图像中，亮度很暗，与之相比的黏土矿物等则完全不发光。

成矿晚期细脉状石英(LOvq)在镜下通常穿过含矿粉砂岩，并包裹少量较大颗粒含砷黄铁矿，石英颗粒呈半自形-自形晶。石英脉宽度通常为 100～500 μm，其中的含砷黄铁矿直径约为 50～100 μm，含砷黄铁矿具有典型的核-环结构，在阴极发光图像中，亮度偏高且较均一，无明显韵律生长环带或条带。

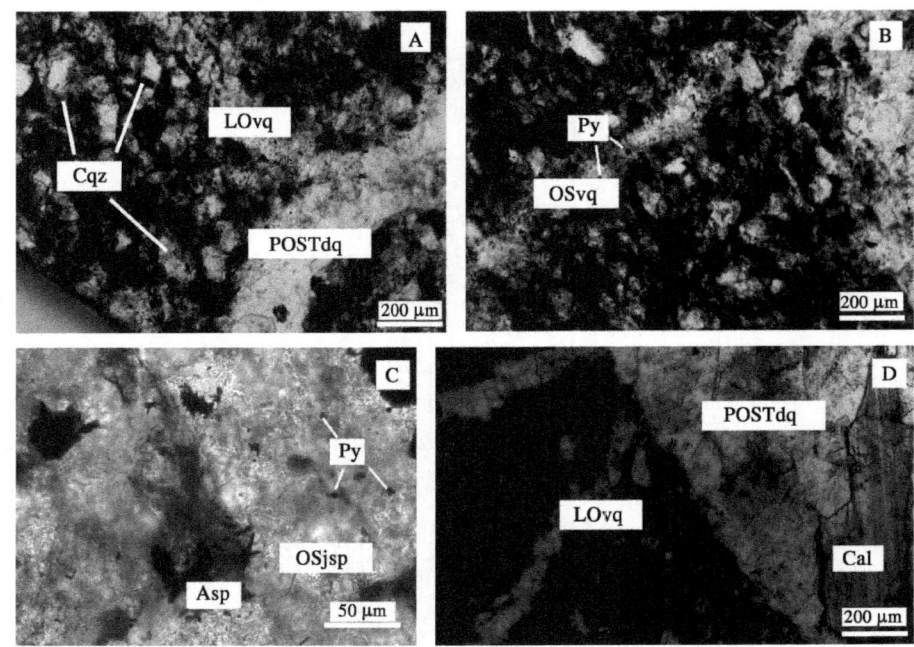

Cqz=沉积碎屑石英，OSjsp=成矿期似碧玉状石英，LOvq=成矿晚期细脉状石英，
POSTdq=成矿期后粗脉石英，Py=黄铁矿，Asp=毒砂。

图4-4 各期次石英透射光图像

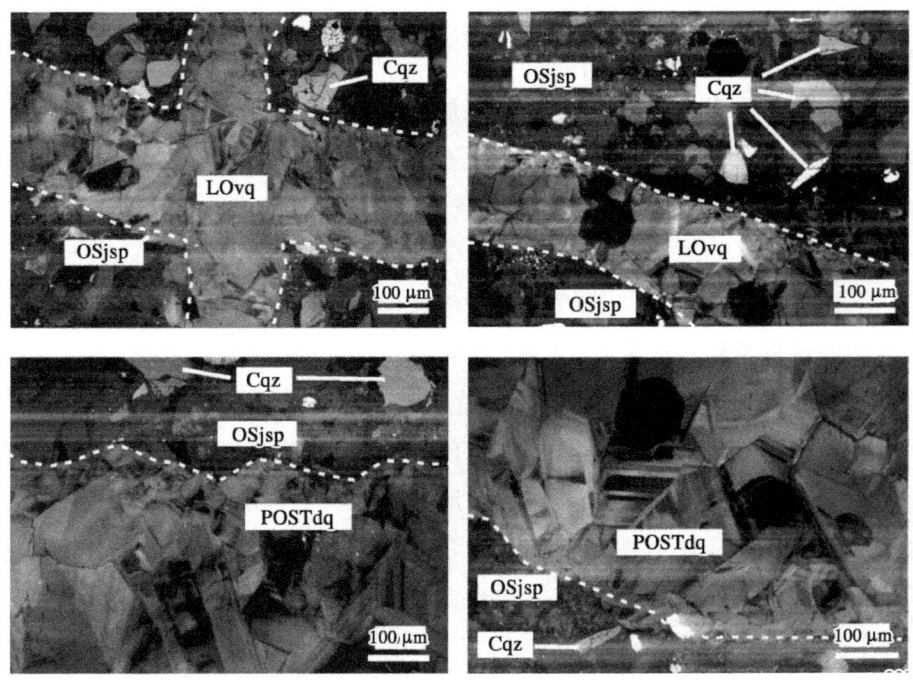

图4-5 各期次石英阴极发光图像

成矿期后粗脉晶簇状石英(POSTdq)在手标本及镜下观察中通常穿过整个矿石样品并切割成矿晚期细石英脉，石英晶体较大，呈自形晶-晶簇状生长。石英脉宽度通常大于 200 μm 至数十毫米。石英脉中含砷黄铁矿非常少见，通常可见有方解石共生，在晶簇状石英中常伴随雄黄辉锑矿、辰砂等矿物。在阴极发光图像中，亮度很高，且能明显看到石英晶体生长过程中形成的生长韵律环带。

4.5 石英电子探针分析

在对石英进行 LA-ICPMS 和 SHRIMP 分析之前，我们先对其主量和次主量元素进行了分析。测试在中国科学院地球化学研究所矿床地球化学国家重点实验室完成，测试电压为 15 kV，电子束直径为 10 μm。分析结果见表 4-2 和图 4-6。

表 4-2 石英电子探针数据　　　　　　单位:%

点号	质量百分比	Al_2O_3	SiO_2	CaO	TiO_2	Cr_2O_3	MnO	FeO	总含量
LNG-03-9-1011	b.d.	0.12	98.85	0.01	0.01	b.d.	0.01	b.d.	99.00
LNG-03-9-1012	0.01	0.19	99.23	0.01	b.d.	b.d.	b.d.	b.d.	99.44
LNG-03-9-1013	0.01	0.21	99.16	0.01	b.d.	0.03	b.d.	0.04	99.44
LNG-03-9-1021	b.d.	0.13	98.93	b.d.	0.01	0.01	b.d.	0.03	99.12
LNG-03-9-1022	b.d.	0.16	99.05	b.d.	0.00	b.d.	b.d.	0.04	99.26
LNG-03-9-2011	b.d.	0.28	97.65	b.d.	0.04	b.d.	b.d.	0.05	98.02
LNG-03-9-2012	b.d.	0.21	98.36	b.d.	b.d.	b.d.	b.d.	0.04	98.61
LNG-03-9-2013	b.d.	0.28	98.94	0.03	b.d.	b.d.	b.d.	0.07	99.32
LNG-03-9-2021	b.d.	0.17	98.81	0.01	b.d.	0.01	0.01	0.03	99.04
LNG-03-9-2022	b.d.	0.15	99.05	b.d.	b.d.	0.02	b.d.	0.01	99.23
LNG-03-9-2023	b.d.	0.22	99.21	b.d.	b.d.	b.d.	0.02	b.d.	99.46
LNG-03-9-3011	0.01	0.26	98.51	0.01	0.02	b.d.	0.01	0.02	98.83
LNG-03-9-3012	b.d.	0.28	99.77	b.d.	0.01	0.01	0.01	0.05	100.13
LNG-03-9-3013	0.01	0.18	99.03	b.d.	b.d.	0.01	b.d.	0.01	99.24

续表 4-2

点号	质量百分比	Al_2O_3	SiO_2	CaO	TiO_2	Cr_2O_3	MnO	FeO	总含量
LNG-03-9-3014	b.d.	0.27	97.96	b.d.	b.d.	b.d.	0.01	0.01	98.24
LNG-03-9-4011	0.01	0.10	98.88	0.01	0.01	0.02	b.d.	0.01	99.03
LNG-03-9-4012	b.d.	0.15	98.30	0.03	b.d.	0.01	b.d.	0.08	98.57
LNG-03-9-4013	b.d.	0.27	97.84	0.01	0.01	b.d.	b.d.	b.d.	98.13
LNG-03-9-4014	b.d.	0.10	99.02	b.d.	b.d.	b.d.	b.d.	0.01	99.14
LNG-03-9-4015	b.d.	0.13	96.56	0.01	0.01	b.d.	0.01	0.01	96.73
LNG-03-9-4016	0.02	0.25	96.23	b.d.	b.d.	b.d.	b.d.	b.d.	96.50
LNG-03-9-4017	b.d.	0.20	96.53	b.d.	b.d.	0.02	0.01	0.03	96.78
LNG-03-9-5011	b.d.	0.25	97.99	0.01	b.d.	0.01	b.d.	0.02	98.29
LNG-03-9-5012	0.03	0.22	98.72	0.01	b.d.	0.02	0.01	0.04	99.05
LNG-03-9-5013	0.01	0.32	97.38	0.01	0.02	b.d.	0.01	0.04	97.80
LNG-03-9-5014	b.d.	0.21	98.71	b.d.	b.d.	b.d.	b.d.	0.03	98.95
LNG-03-9-5015	b.d.	0.37	98.06	b.d.	b.d.	b.d.	0.01	0.01	98.45
LNG-03-9-5016	b.d.	0.40	96.08	b.d.	b.d.	0.39	0.02	0.01	98.89
LNG-03-9-5021	b.d.	0.17	97.97	0.02	0.02	b.d.	b.d.	0.02	98.21
LNG-03-9-5022	0.01	0.21	97.53	b.d.	0.03	0.02	0.01	0.01	97.82
LNG-03-9-5023	b.d.	0.22	98.10	0.01	b.d.	b.d.	b.d.	0.01	98.34
LNG-03-9-5024	b.d.	0.25	98.56	b.d.	0.03	0.01	0.02	b.d.	98.87
LNG-03-1-1011	b.d.	0.31	98.24	b.d.	b.d.	b.d.	b.d.	0.01	98.56
LNG-03-1-1012	b.d.	0.35	97.94	b.d.	b.d.	0.01	0.03	0.02	98.34
LNG-03-1-1013	0.01	0.30	97.93	0.01	0.01	0.03	b.d.	b.d.	98.28
LNG-03-1-1014	b.d.	0.21	98.28	b.d.	b.d.	b.d.	b.d.	0.02	98.51
LNG-03-1-1031	0.01	0.29	99.29	0.01	b.d.	0.01	0.01	b.d.	99.61
LNG-03-1-1032	b.d.	0.29	99.44	b.d.	b.d.	0.02	b.d.	0.02	99.78
LNG-03-1-1033	b.d.	0.32	98.07	b.d.	b.d.	b.d.	b.d.	b.d.	98.38
LNG-03-1-2011	0.01	0.89	96.87	0.01	0.02	0.01	b.d.	0.02	97.83
LNG-03-1-2011-2	b.d.	0.32	98.47	b.d.	b.d.	b.d.	b.d.	0.03	98.82
LNG-03-1-2012	0.01	0.30	98.61	b.d.	b.d.	0.01	0.01	b.d.	98.94

续表 4-2

点号	质量百分比	Al_2O_3	SiO_2	CaO	TiO_2	Cr_2O_3	MnO	FeO	总含量
LNG-03-1-2013	0.01	0.29	98.94	b.d.	0.01	b.d.	b.d.	0.02	99.27
LNG-03-1-2014	0.02	0.23	98.55	b.d.	0.02	b.d.	b.d.	b.d.	98.82
LNG-03-1-2015	b.d.	0.30	98.92	0.01	0.03	b.d.	b.d.	0.01	99.25
LNG-03-1-2021	b.d.	0.37	97.88	b.d.	b.d.	b.d.	b.d.	b.d.	98.25
LNG-03-1-2022	b.d.	0.12	98.48	b.d.	b.d.	0.01	b.d.	b.d.	98.61
LNG-03-1-2023	b.d.	0.29	98.09	0.01	b.d.	b.d.	0.02	0.01	98.41
LNG-03-1-2024	b.d.	0.31	98.45	0.01	b.d.	b.d.	0.01	b.d.	98.78
LNG-03-1-3021	b.d.	0.39	97.13	b.d.	b.d.	0.02	b.d.	0.12	97.65
LNG-03-1-3022	b.d.	0.31	98.72	b.d.	b.d.	b.d.	b.d.	0.02	99.05
LNG-03-1-3023	b.d.	0.32	97.70	b.d.	0.06	b.d.	0.01	b.d.	98.09
LNG-03-1-3024	b.d.	0.33	97.97	b.d.	b.d.	b.d.	0.02	b.d.	98.32
LNG-03-1-3031	b.d.	0.45	99.00	b.d.	0.06	0.01	b.d.	0.01	99.53
LNG-03-1-3032	b.d.	0.18	99.51	b.d.	b.d.	0.02	b.d.	0.01	99.71
LNG-03-1-3033	b.d.	0.31	99.33	b.d.	b.d.	b.d.	0.01	b.d.	99.65
LNG-03-1-4011	0.02	0.27	98.80	b.d.	b.d.	0.03	b.d.	0.03	99.16
LNG-03-1-4012	0.01	0.21	98.62	b.d.	0.02	0.01	b.d.	0.01	98.88
LNG-03-1-4013	0.01	0.14	97.66	0.01	b.d.	0.02	b.d.	0.01	97.84
LNG-03-3-1011	b.d.	0.11	98.27	b.d.	b.d.	b.d.	b.d.	0.03	98.41
LNG-03-3-1012	b.d.	0.39	97.95	0.01	0.01	0.04	b.d.	0.03	98.42
LNG-03-3-1013	b.d.	0.32	97.70	b.d.	0.03	0.01	b.d.	b.d.	98.06
LNG-03-3-1014	b.d.	0.46	98.47	b.d.	b.d.	0.01	0.01	0.03	98.97
LNG-03-3-1021	0.01	0.46	97.06	b.d.	0.02	b.d.	0.01	0.01	97.56
LNG-03-3-1022	b.d.	0.39	97.57	b.d.	0.01	0.02	b.d.	0.02	98.01
LNG-03-3-1023	0.01	0.20	98.36	b.d.	b.d.	b.d.	b.d.	0.01	98.58
LNG-03-3-1024	0.03	0.39	96.88	b.d.	0.02	0.03	0.02	0.02	97.38
LNG-03-3-1031	b.d.	0.33	98.58	b.d.	0.02	0.03	b.d.	b.d.	98.96
LNG-03-3-1032	b.d.	0.19	98.42	b.d.	b.d.	b.d.	b.d.	0.01	98.61
LNG-03-3-1033	0.01	0.36	97.39	0.02	0.01	b.d.	0.01	0.01	97.81

续表 4-2

点号	质量百分比	Al_2O_3	SiO_2	CaO	TiO_2	Cr_2O_3	MnO	FeO	总含量
LNG-03-3-4011	b.d.	0.31	98.93	b.d.	0.01	b.d.	0.03	0.04	99.32
LNG-03-3-4012	b.d.	0.37	97.42	0.01	b.d.	b.d.	b.d.	0.05	97.86
LNG-03-3-4013	b.d.	0.31	98.71	0.01	b.d.	0.01	b.d.	b.d.	99.03
LNG-03-3-4014	b.d.	0.64	96.67	0.01	0.02	0.03	b.d.	0.01	97.37
LNG-03-3-4021	b.d.	0.22	98.16	0.01	b.d.	b.d.	b.d.	0.02	98.41
LNG-03-3-4022	b.d.	0.31	99.43	b.d.	b.d.	0.02	b.d.	0.03	99.79
LNG-03-3-4023	b.d.	0.27	98.94	0.01	b.d.	b.d.	b.d.	b.d.	99.21
LNG-03-3-4024	b.d.	0.28	97.84	0.01	0.02	0.01	b.d.	b.d.	98.16
LNG-03-3-4025	b.d.	0.49	96.96	b.d.	0.02	b.d.	b.d.	b.d.	97.46
LNG-03-3-4031	0.02	0.18	96.95	0.03	0.05	0.63	0.01	0.06	97.93
LNG-03-3-4032	b.d.	0.44	97.53	b.d.	b.d.	b.d.	0.01	0.01	97.99
LNG-03-3-4033	0.01	0.58	97.35	b.d.	0.07	0.01	0.03	b.d.	98.04
LNG-03-3-4034	0.01	0.76	96.52	0.02	0.01	b.d.	b.d.	0.02	97.34
LNG-03-8-1021	b.d.	0.27	96.51	b.d.	b.d.	0.02	b.d.	b.d.	96.80
LNG-03-8-1022	b.d.	0.24	97.22	0.01	b.d.	b.d.	0.01	b.d.	97.47
LNG-03-8-1023	b.d.	0.21	98.71	b.d.	0.02	b.d.	0.01	b.d.	98.96
LNG-03-8-1024	0.01	0.23	98.93	b.d.	b.d.	0.02	b.d.	0.03	99.22
LNG-03-8-1011	b.d.	0.28	98.26	0.01	0.02	0.06	0.01	0.02	98.66
LNG-03-8-1012	0.01	0.05	98.99	0.01	b.d.	b.d.	0.01	b.d.	99.06
LNG-03-8-1013	b.d.	0.15	98.96	b.d.	0.01	0.03	b.d.	0.01	99.16
LNG-03-8-1014	b.d.	0.24	99.14	b.d.	b.d.	0.01	0.01	0.08	99.49
LNG-03-8-1015	b.d.	0.28	98.38	b.d.	b.d.	0.02	b.d.	0.03	98.71
LNG-03-8-1016	b.d.	0.21	98.98	0.01	b.d.	0.01	b.d.	0.01	99.21
LNG-03-8-2011	b.d.	0.22	99.34	b.d.	b.d.	0.03	b.d.	0.01	99.61
LNG-03-8-2012	b.d.	0.08	99.49	b.d.	b.d.	0.02	b.d.	b.d.	99.60
LNG-03-8-2013	0.11	0.26	97.25	0.12	b.d.	0.50	b.d.	0.01	98.24
LNG-03-8-2014	0.01	0.26	99.18	b.d.	0.02	b.d.	b.d.	b.d.	99.47
LNG-03-8-2021	b.d.	0.26	99.59	b.d.	0.02	0.01	0.01	0.02	99.89

续表 4-2

点号	质量百分比	Al_2O_3	SiO_2	CaO	TiO_2	Cr_2O_3	MnO	FeO	总含量
LNG-03-8-2022	b.d.	0.21	99.32	b.d.	0.01	0.01	b.d.	b.d.	99.54
LNG-03-8-2023	b.d.	0.19	100.09	0.01	b.d.	0.01	b.d.	0.01	100.30
LNG-03-8-2024	b.d.	0.18	99.02	b.d.	b.d.	0.02	0.01	b.d.	99.23
LNG-03-8-2031	b.d.	0.01	99.24	b.d.	b.d.	b.d.	0.02	0.01	99.27
LNG-03-8-2032	b.d.	0.21	98.99	b.d.	b.d.	0.01	b.d.	0.02	99.23
LNG-03-8-2033	b.d.	0.21	99.71	b.d.	b.d.	b.d.	b.d.	0.01	99.92
LNG-03-8-2034	b.d.	0.10	99.37	b.d.	b.d.	0.02	b.d.	b.d.	99.48
LNG-03-8-3021	b.d.	0.09	98.62	0.01	0.02	0.01	0.01	b.d.	98.75
LNG-03-8-3022	b.d.	0.08	100.04	b.d.	b.d.	0.01	b.d.	0.02	100.14
LNG-03-8-3023	b.d.	0.16	99.22	b.d.	b.d.	b.d.	0.01	b.d.	99.38
LNG-03-8-3024	b.d.	0.23	99.88	0.01	b.d.	0.07	b.d.	0.02	100.20
LNG-03-8-3041	0.01	0.03	98.90	0.01	b.d.	0.01	b.d.	b.d.	98.95
LNG-03-8-3042	b.d.	0.18	99.36	b.d.	b.d.	0.02	b.d.	0.01	99.59
LNG-03-8-3043	b.d.	0.19	99.78	b.d.	b.d.	b.d.	b.d.	b.d.	99.98
LNG-03-8-3044	b.d.	0.22	99.70	b.d.	0.02	b.d.	b.d.	0.03	99.97
LNG-03-8-4011	b.d.	0.14	99.56	b.d.	b.d.	0.01	b.d.	0.01	99.72
LNG-03-8-4012	0.01	0.17	98.98	b.d.	b.d.	b.d.	b.d.	0.02	99.18
LNG-03-8-4013	b.d.	0.02	99.58	b.d.	b.d.	0.01	b.d.	b.d.	99.60
LNG-03-8-4014	0.01	0.17	99.99	b.d.	0.01	b.d.	0.01	b.d.	100.18
LNG-03-8-4015	b.d.	0.15	98.02	b.d.	0.02	0.01	b.d.	b.d.	98.20
LNG-03-8-4016	b.d.	0.07	99.58	b.d.	b.d.	b.d.	0.03	b.d.	99.67
LNG-03-11-1011	0.01	0.14	99.09	0.01	b.d.	0.01	b.d.	0.03	99.29
LNG-03-11-1012	b.d.	0.10	98.25	b.d.	b.d.	0.01	b.d.	0.02	98.38
LNG-03-11-1013	b.d.	0.29	99.34	b.d.	0.01	b.d.	0.01	b.d.	99.64
LNG-03-11-1014	0.02	0.25	100.57	0.01	b.d.	0.02	b.d.	0.01	100.87
LNG-03-11-1021	b.d.	0.07	99.78	0.01	b.d.	b.d.	b.d.	0.02	99.89
LNG-03-11-1022	b.d.	0.36	99.13	b.d.	b.d.	b.d.	b.d.	0.01	99.50
LNG-03-11-1023	b.d.	0.29	98.94	0.01	b.d.	0.01	b.d.	0.01	99.26

续表 4-2

点号	质量百分比	Al_2O_3	SiO_2	CaO	TiO_2	Cr_2O_3	MnO	FeO	总含量
LNG-03-11-1024	b.d.	0.27	99.55	b.d.	b.d.	b.d.	b.d.	b.d.	99.82
LNG-03-11-1025	b.d.	0.18	99.13	b.d.	0.01	0.02	0.01	b.d.	99.36
LNG-03-11-1026	b.d.	0.17	98.82	b.d.	b.d.	b.d.	b.d.	0.01	99.00
LNG-03-11-2011	b.d.	0.31	99.12	b.d.	b.d.	0.01	0.01	0.02	99.48
LNG-03-11-2012	b.d.	0.27	99.02	0.01	b.d.	b.d.	b.d.	0.02	99.32
LNG-03-11-2013	b.d.	0.27	99.42	b.d.	0.02	0.02	b.d.	0.02	99.76
LNG-03-11-2014	0.01	0.27	98.85	b.d.	b.d.	b.d.	0.01	b.d.	99.13
LNG-03-11-3011	b.d.	0.05	98.76	0.02	b.d.	0.01	0.01	b.d.	98.86
LNG-03-11-3012	b.d.	0.14	99.20	b.d.	0.03	b.d.	0.02	0.03	99.41
LNG-03-11-3013	b.d.	0.19	98.75	b.d.	b.d.	b.d.	0.01	b.d.	98.96
LNG-03-11-4011	0.01	0.11	99.29	0.01	0.01	0.01	b.d.	0.03	99.47
LNG-03-11-4012	b.d.	0.21	98.56	b.d.	0.02	b.d.	b.d.	0.02	98.81
LNG-03-11-4013	0.01	0.17	98.34	0.01	b.d.	0.01	b.d.	0.02	98.55
LNG-03-11-4014	b.d.	0.15	98.39	b.d.	0.01	b.d.	0.01	0.04	98.58
LNG-03-11-5011	b.d.	0.29	98.69	0.01	b.d.	0.01	b.d.	0.08	99.09

注：b.d.：低于检出限。

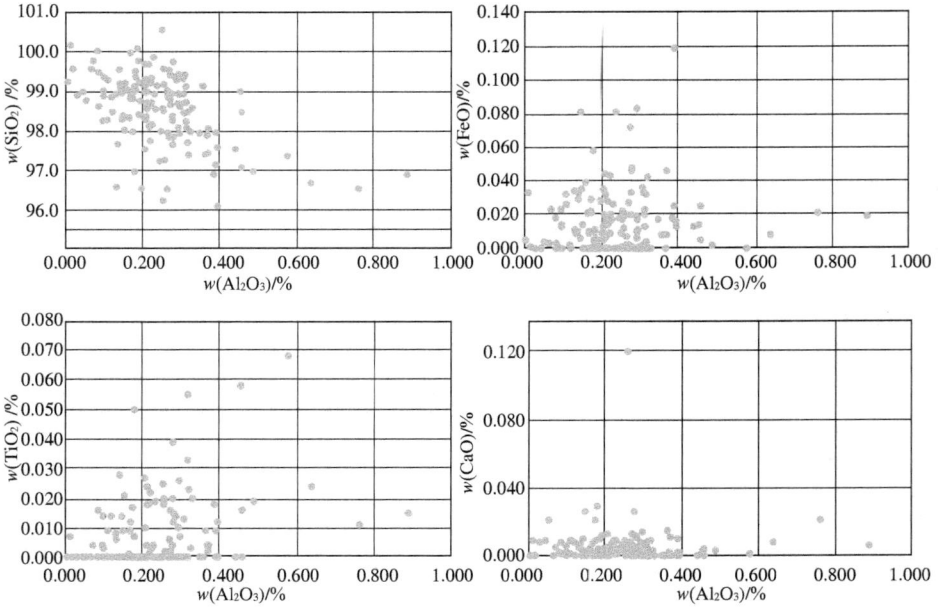

图 4-6 石英电子探针主量、次主量元素特征

从数据中可以看出，石英中除 SiO_2 外，最主要的次主量元素是 Al，其 Al_2O_3 含量从最高可达 0.89%。另外含少量 Fe 元素，FeO 的含量最高可达 0.12%。其他元素包括 Ti、Ca、Cr 等元素含量则较低，大部分都在检出限附近或低于检出限。

4.6 石英原位氧同位素分析

4.6.1 分析方法

石英原位氧同位素分析在澳大利亚国立大学地球科学学院完成，仪器型号为高灵敏度高分辨率离子探针（SHRIMP Ⅱ）。样品制成直径为 1 in（1 in=25.4 mm）的圆形树脂靶，并在表面喷铝用来增加样品的导电性。初始离子源为 Cs^+，氧同位素分析方法按照 Ickert 等（2008）建立的流程进行。数据结果由石英氧同位素标准样品 NBS-28（NIST SRM-8546）进行校正，其相对 VSMOW 推荐值为 9.6‰（Alexandre et al.，2006）。NBS-28 的分析误差为 0.5‰，样品内部精度为 0.114‰~0.310‰，具体值见表 4-3。样品分析点的直径为 20~30 μm。

4.6.2 分析结果

本次工作中，对来自矿体不同位置的 6 个样品 9 个分析区域共 90 余个待测点进行了 SHRIMP 原位氧同位素分析。待测点位置由镜下透反射光、CL 及二次电子图像特征确定，结果见表 4-3 和图 4-7。

表 4-3 SHRIMP 原位石英 $\delta^{18}O$ 值及流体 $\delta^{18}O$ 计算值

（$\delta^{18}O_{QTZ}$＝石英氧同位素值，$\delta^{18}O_{fluid}$＝流体氧同位素值）

样品	$^{18}O/^{16}O$	95%T_err	$\delta^{18}O_{QTZ}$/‰	误差	外部误差	阶段	$\delta^{18}O_{fluid}(T=250℃)/‰$
3-11-1-a1	0.002 016 2	0.000 000 419	8.6	0.21	0.45	Cqz	
3-11-1-a2	0.002 019 1	0.000 000 695	10.0	0.34	0.53	Cqz	
3-11-1-a3	0.002 020 9	0.000 000 429	10.9	0.21	0.45	Cqz	

续表 4-3

样品	$^{18}O/^{16}O$	95%T_err	$\delta^{18}O_{QTZ}/‰$	误差	外部误差	阶段	$\delta^{18}O_{fluid}(T=250℃)/‰$
3-11-2-a1	0.002 019 2	0.000 000 579	10.0	0.29	0.49	Cqz	
3-11-2-a2	0.002 015 9	0.000 000 387	8.4	0.19	0.44	Cqz	
3-11-3-a1	0.002 030 7	0.000 000 322	15.7	0.16	0.43	Cqz	
3-11-3-a2	0.002 02	0.000 000 321	10.4	0.16	0.43	Cqz	
3-1-1-a1	0.002 025 7	0.000 000 305	13.2	0.15	0.43	Cqz	
3-1-1-a2	0.002 032 8	0.000 000 415	16.8	0.20	0.45	Cqz	
3-1-1-a3	0.002 021 8	0.000 000 281	11.3	0.14	0.42	Cqz	
3-12-1-a1	0.002 026 4	0.000 000 333	13.6	0.16	0.43	Cqz	
3-12-1-a2	0.002 027 2	0.000 000 245	14.0	0.12	0.42	Cqz	
3-12-1-a3	0.002 019 8	0.000 000 273	10.3	0.14	0.42	Cqz	
3-6-1-a2	0.002 020 1	0.000 000 407	10.5	0.20	0.45	Cqz	
3-9-1-a1	0.002 032 6	0.000 000 376	16.6	0.18	0.44	Cqz	
3-9-1-a2	0.002 027 4	0.000 000 405	14.1	0.20	0.45	Cqz	
3-9-1-a2-2	0.002 028 7	0.000 000 325	14.8	0.16	0.43	Cqz	
3-9-1-a3	0.002 024 8	0.000 000 358	12.8	0.18	0.44	Cqz	
3-9-1-a4	0.002 022	0.000 000 355	11.4	0.18	0.44	Cqz	
3-9-2-a1	0.002 029 1	0.000 000 364	14.9	0.18	0.44	Cqz	
3-9-2-a2	0.002 025	0.000 000 419	12.9	0.21	0.45	Cqz	
3-9-2-a3	0.002 018 4	0.000 000 343	9.6	0.17	0.43	Cqz	
6-1-1-a1	0.002 031 6	0.000 000 377	16.2	0.19	0.44	Cqz	
6-1-1-a2	0.002 023 2	0.000 000 429	12.0	0.21	0.45	Cqz	
6-1-1-a3	0.002 027 3	0.000 000 441	14.0	0.22	0.46	Cqz	
6-1-1-a4	0.002 025 9	0.000 000 426	13.3	0.21	0.45	Cqz	

续表 4-3

样品	$^{18}O/^{16}O$	95%T_err	$\delta^{18}O_{QTZ}$/‰	误差	外部误差	阶段	$\delta^{18}O_{fluid}(T=250℃)$/‰
3-11-1-b1	0.002 032 7	0.000 000 522	16.7	0.26	0.48	Osjsp	7.8
3-11-1-b2	0.002 029 4	0.000 000 396	15.1	0.20	0.45	Osjsp	6.2
3-11-1-b3	0.002 023 4	0.000 000 425	12.1	0.21	0.45	Osjsp	3.2
3-11-1-b4	0.002 027 1	0.000 000 477	13.9	0.24	0.46	Osjsp	5.0
3-11-2-b1	0.002 031 7	0.000 000 456	16.2	0.22	0.46	Osjsp	7.3
3-11-2-b2	0.002 033	0.000 000 631	16.8	0.31	0.51	Osjsp	8.0
3-11-3-b1	0.002 035 2	0.000 000 204	18.0	0.10	0.41	Osjsp	9.1
3-11-3-b2	0.002 028 9	0.000 000 33	14.8	0.16	0.43	Osjsp	5.9
3-11-3-b3	0.002 026 4	0.000 000 27	13.6	0.13	0.42	Osjsp	4.7
3-1-1-b1	0.002 049 1	0.000 000 339	24.8	0.17	0.43	Osjsp	15.9
3-1-1-b2	0.002 045 5	0.000 000 243	23.0	0.12	0.42	Osjsp	14.2
3-1-1-b3	0.002 035 9	0.000 000 359	18.3	0.18	0.44	Osjsp	9.4
3-1-1-b4	0.002 039 9	0.000 000 408	20.3	0.20	0.45	Osjsp	11.4
3-12-1-b2	0.002 031 9	0.000 000 379	16.3	0.19	0.44	Osjsp	7.4
3-12-1-b3	0.002 026 7	0.000 000 303	13.7	0.15	0.43	Osjsp	4.8
3-6-1-b1	0.002 029 8	0.000 000 346	15.3	0.17	0.43	Osjsp	6.4
3-6-1-b2	0.002 032 1	0.000 000 445	16.4	0.22	0.46	Osjsp	7.5
3-6-1-b3	0.002 029 2	0.000 000 372	15.0	0.18	0.44	Osjsp	6.1
3-6-1-b4	0.002 034 5	0.000 000 316	17.6	0.16	0.43	Osjsp	8.7
3-9-1-b1	0.002 031 1	0.000 000 377	15.9	0.19	0.44	Osjsp	7.0
3-9-1-b2	0.002 026	0.000 000 352	13.4	0.17	0.44	Osjsp	4.5
3-9-1-b3	0.002 043 3	0.000 000 422	22.0	0.21	0.45	Osjsp	13.1
3-9-1-b4	0.002 036 7	0.000 000 436	18.7	0.21	0.45	Osjsp	9.8

续表 4-3

样品	$^{18}O/^{16}O$	95%T_err	$\delta^{18}O_{QTZ}$/‰	误差	外部误差	阶段	$\delta^{18}O_{fluid}(T=250℃)$/‰
3-9-2-b1	0.002 024 8	0.000 000 335	12.8	0.17	0.43	Osjsp	3.9
3-9-2-b2	0.002 034 9	0.000 000 4	17.8	0.20	0.45	Osjsp	8.9
3-9-2-b3	0.002 041 3	0.000 000 516	21.0	0.25	0.47	Osjsp	12.1
6-1-1-b1	0.002 040 8	0.000 000 613	20.7	0.30	0.50	Osjsp	11.8
6-1-1-b2	0.002 045 6	0.000 000 486	23.1	0.24	0.47	Osjsp	14.2
6-1-1-b31	0.002 037 7	0.000 000 371	19.2	0.18	0.44	Osjsp	10.3
6-1-1-b4	0.002 029 7	0.000 000 345	15.2	0.17	0.43	Osjsp	6.3
6-1-1-b51	0.002 031 9	0.000 000 39	16.3	0.19	0.44	Osjsp	7.4
6-1-1-b6	0.002 035 5	0.000 000 373	18.1	0.18	0.44	Osjsp	9.2

样品	$^{18}O/^{16}O$	95%T_err	$\delta^{18}O_{QTZ}$/‰	误差	外部误差	阶段	$\delta^{18}O_{fluid}(T=200℃)$/‰
3-11-1-c1	0.002 048 6	0.000 000 409	24.5	0.20	0.45	Lovq	12.9
3-11-1-c2	0.002 049 4	0.000 000 396	24.9	0.19	0.44	Lovq	13.3
3-11-1-c3	0.002 047 6	0.000 000 465	24.1	0.23	0.46	Lovq	12.5
3-11-1-c4	0.002 048 9	0.000 000 453	24.7	0.22	0.46	Lovq	13.1
3-11-2-c1	0.002 048 7	0.000 000 523	24.6	0.26	0.47	Lovq	13.0
3-11-2-c2	0.002 048 8	0.000 000 465	24.7	0.23	0.46	Lovq	13.1
3-11-2-c2	0.002 051 4	0.000 000 264	25.9	0.13	0.42	Lovq	14.3
3-11-2-c3	0.002 049 3	0.000 000 456	24.9	0.22	0.46	Lovq	13.3
3-11-3-c1	0.002 052	0.000 000 344	26.2	0.17	0.43	Lovq	14.6
3-11-3-c2	0.002 050 8	0.000 000 302	25.7	0.15	0.43	Lovq	14.1
3-11-3-c3	0.002 049 2	0.000 000 309	24.9	0.15	0.43	Lovq	13.3
3-1-1-c1	0.002 055 2	0.000 000 298	27.8	0.15	0.43	Lovq	16.2
3-1-1-c2	0.002 051 1	0.000 000 337	25.8	0.16	0.43	Lovq	14.2

续表 4-3

样品	$^{18}O/^{16}O$	95%T_err	$\delta^{18}O_{QTZ}$/‰	误差	外部误差	阶段	$\delta^{18}O_{fluid}(T=200\ ℃)$/‰
3-1-1-c3	0.002 050 7	0.000 000 263	25.6	0.13	0.42	Lovq	14.0
3-1-1-c4	0.002 050 5	0.000 000 314	25.5	0.15	0.43	Lovq	13.9
3-9-1-c1	0.002 052 9	0.000 000 318	26.7	0.15	0.43	Lovq	15.1
3-9-1-c2	0.002 052 4	0.000 000 393	26.4	0.19	0.44	Lovq	14.8
3-9-1-c3	0.002 053 6	0.000 000 383	27.1	0.19	0.44	Lovq	15.4
3-9-1-c4	0.002 054 5	0.000 000 431	27.5	0.21	0.45	Lovq	15.9
3-9-2-c1	0.002 052 6	0.000 000 445	26.5	0.22	0.45	Lovq	14.9
3-9-2-c2	0.002 054	0.000 000 333	27.2	0.16	0.43	Lovq	15.6
3-9-2-c3	0.002 048 7	0.000 000 357	24.6	0.17	0.44	Lovq	13.0

样品	$^{18}O/^{16}O$	95%T_err	$\delta^{18}O_{QTZ}$/‰	误差	外部误差	阶段	$\delta^{18}O_{fluid}(T=150\ ℃)$/‰
3-11-1-d1	0.002 050 8	0.000 000 425	25.7	0.21	0.45	POSTdq	10.3
3-11-1-d2	0.002 053 3	0.000 000 414	26.9	0.20	0.45	POSTdq	11.5
3-11-1-d3	0.002 052 7	0.000 000 538	26.6	0.26	0.48	POSTdq	11.3
3-11-1-d4	0.0020517	0.000000396	26.1	0.19	0.44	POSTdq	10.8
3-11-2-d1	0.0020516	0.00000037	26.0	0.18	0.44	POSTdq	10.7
3-11-2-d2	0.0020523	0.000000333	26.4	0.16	0.43	POSTdq	11.0
3-12-1-d1	0.0020501	0.000000346	25.3	0.17	0.43	POSTdq	9.9
3-12-1-d2	0.00205	0.000000383	25.2	0.19	0.44	POSTdq	9.9
3-12-1-d3	0.0020491	0.000000282	24.8	0.14	0.42	POSTdq	9.5
3-6-1-d1	0.0020527	0.000000411	26.6	0.20	0.45	POSTdq	11.2
3-6-1-d2	0.0020526	0.000000403	26.6	0.20	0.45	POSTdq	11.2

续表 4-3

样品	$^{18}O/^{16}O$	95%T_err	$\delta^{18}O_{QTZ}$/‰	误差	外部误差	阶段	$\delta^{18}O_{fluid}(T=150℃)$/‰
3-6-1-d3	0.0020525	0.000000381	26.5	0.19	0.44	POSTdq	11.2
3-6-1-d4	0.0020531	0.00000031	26.8	0.15	0.43	POSTdq	11.5
3-9-2-d1	0.0020493	0.000000339	24.9	0.17	0.43	POSTdq	9.6
3-9-2-d2	0.0020481	0.000000383	24.3	0.19	0.44	POSTdq	9.0
3-9-2-d3	0.0020499	0.00000032	25.2	0.16	0.43	POSTdq	9.9

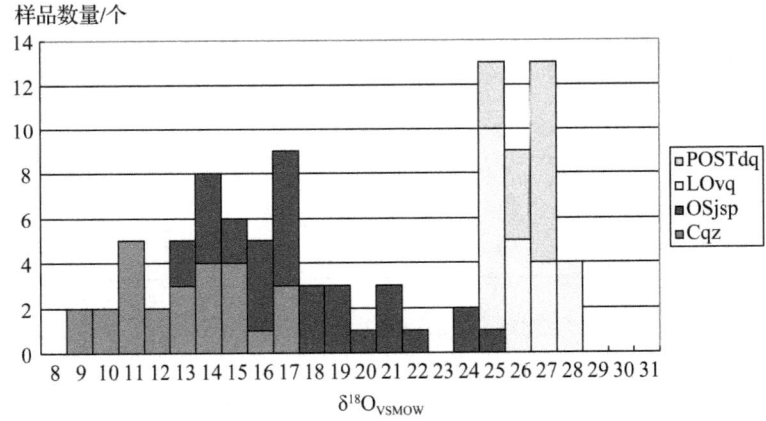

图 4-7 SHRIMP 原位石英氧同位素直方图

从分析数据可看出，与成矿作用相关的石英氧同位素分布范围很宽，$\delta^{18}O_{VSMOW}$ 值为 12.1‰～27.5‰。各期次石英 $\delta^{18}O_{VSMOW}$ 分别为：继承碎屑石英（Cqz）8.6‰～16.8‰；成矿期似碧玉状石英（OSjsp）12.1‰～24.8‰；成矿晚期微细脉石英（LOvq）24.1‰～27.8‰；成矿期后粗脉晶簇状石英（POSTdq）24.3‰～26.9‰。

4.7 石英原位 LA-ICPMS 微量元素分析

4.7.1 分析方法

在 SHRIMP 氧同位素分析之后，我们在已有的氧同位素分析点之上或附近位置进行了激光剥蚀等离子质谱微量元素分析。仪器采用 157 nm 激光剥蚀系统和 Agilent 7700 质谱仪，在澳大利亚国立大学地球科学学院完成。单点分析直径为 30～50 μm。每个点在分析之前会用数个激光脉冲对分析点表面进行预处理，去除表面杂质，尤其是 SHRIMP 分析时在表面喷的 Al 薄膜，以排除分析过程中对信号的影响。激光脉冲频率为 10 Hz，信号收集时间为 60 s。在处理最终信号时，往往只选择前 30 s 甚至更短时间的信号进行数据处理，以避免剥蚀孔变深引起的分馏效应以及样品的末段剥蚀效果不佳引起的信号波动。分析过程中采用 NIST612 对样品进行校正，数据信号采用 Iolite (Paton et al.，2011)软件进行处理。

4.7.2 分析结果

本次分析中，共对 11 种元素进行了测试，包括 ^{7}Li、^{9}Be、^{27}Al、^{29}Si、^{31}P、^{39}K、^{47}Ti、^{63}Cu、^{66}Zn、^{72}Ge、^{208}Pb，并以 ^{29}Si 为内标对数据进行处理。各阶段石英的微量元素结果见表 4-4 和图 4-8。

表 4-4 各阶段石英微量元素含量

样品点号	阶段	w(Li)/10^{-6}	w(Be)/10^{-6}	w(Al)/10^{-6}	w(P)/10^{-6}	w(K)/10^{-6}	w(Ti)/10^{-6}	w(Cu)/10^{-6}	w(Zn)/10^{-6}	w(Ge)/10^{-6}	w(Pb)/10^{-6}
3-11-1-a1	Cqz	0.89	b.d.	110	3.9	1.0	76.20	b.d.	b.d.	1.65	b.d.
3-11-1-a3	Cqz	0.16	b.d.	40	11.0	13.0	6.82	b.d.	b.d.	2.07	0.04
3-11-2-a2	Cqz	0.89	b.d.	139	3.3	33.0	27.80	0.30	0.60	2.36	0.02
3-1-1-a1	Cqz	4.10	b.d.	251	5.3	12.5	68.70	0.10	0.23	1.41	0.08
3-12-1-a1	Cqz	b.d.	b.d.	45	6.5	b.d.	30.84	0.04	0.06	1.31	0.02
3-6-1-a2	Cqz	1.78	b.d.	113	6.7	b.d.	42.04	0.04	0.28	1.00	b.d.
3-9-1-a4	Cqz	1.71	0.06	247	6.3	37.0	32.42	0.29	0.08	1.89	0.96
3-9-2-a1	Cqz	0.09	b.d.	290	8.1	211.0	147.00	0.02	1.43	1.64	0.03

续表 4－4

样品点号	阶段	$w(Li)$ /10^{-6}	$w(Be)$ /10^{-6}	$w(Al)$ /10^{-6}	$w(P)$ /10^{-6}	$w(K)$ /10^{-6}	$w(Ti)$ /10^{-6}	$w(Cu)$ /10^{-6}	$w(Zn)$ /10^{-6}	$w(Ge)$ /10^{-6}	$w(Pb)$ /10^{-6}
6-1-1-a1	Cqz	1.68	0.12	297	8.8	25.6	36.15	0.07	0.25	1.70	0.04
6-1-1-a2	Cqz	0.54	b.d.	90	7.3	4.2	33.80	0.06	0.23	1.25	0.26
6-1-1-a3	Cqz	1.32	0.06	124	5.6	0.0	35.91	0.04	0.07	1.73	b.d.
3-11-1-b2	Osjsp	b.d.	b.d.	28	4.0	0.7	2.18	0.03	0.15	1.42	0.02
3-11-1-b2	Osjsp	b.d.	b.d.	15	13.8	20.0	26.90	b.d.	0.15	1.38	0.01
3-11-1-b3	Osjsp	0.25	b.d.	85	3.0	9.0	5.10	0.13	0.19	0.05	0.01
3-11-2-b3	Osjsp	0.37	b.d.	96	14.3	b.d.	86.30	0.20	0.16	1.96	0.48
3-11-3-b2	Osjsp	0.10	b.d.	30	3.1	b.d.	5.60	b.d.	0.01	3.39	0.09
3-11-3-b3	Osjsp	b.d.	b.d.	9	0.9	b.d.	1.53	0.01	0.14	1.97	0.02
3-6-1-b1	Osjsp	9.54	0.52	480	7.9	41.7	6.64	0.14	0.33	3.25	0.04
3-6-1-b4	Osjsp	18.17	0.49	776	10.4	97.4	15.92	0.36	0.32	5.18	0.11
3-9-1-b2	Osjsp	0.04	b.d.	14	8.1	b.d.	68.30	b.d.	0.08	1.69	0.02
6-1-1-b4	Osjsp	1.26	b.d.	63	7.0	b.d.	1.50	0.01	0.28	1.63	b.d.
3-11-1-c1	Lovq	62.30	b.d.	1341	11.0	b.d.	1.59	b.d.	0.12	3.88	0.01
3-11-1-c2	Lovq	70.70	b.d.	1488	5.4	20.0	1.58	b.d.	1.61	3.95	0.06
3-11-1-c3	Lovq	17.64	b.d.	535	1.0	6.0	1.64	0.02	0.32	2.03	0.08
3-11-1-c4	Lovq	35.45	b.d.	832	1.8	2.0	1.58	0.17	0.08	0.45	0.08
3-11-2-c1	Lovq	27.00	b.d.	736	6.7	63.0	0.72	b.d.	b.d.	2.31	b.d.
3-11-2-c2	Lovq	52.80	b.d.	1206	21.0	20.0	1.50	0.33	b.d.	3.40	0.11
3-11-2-c3	Lovq	60.90	b.d.	1506	7.5	47.0	1.60	0.15	0.41	3.63	0.02
3-11-2-c4	Lovq	69.10	b.d.	1535	0.0	18.0	2.05	0.37	0.62	3.86	0.10
3-11-3-c1	Lovq	28.88	b.d.	779	2.7	39.0	1.29	0.01	0.04	1.79	0.01
3-11-3-c3	Lovq	36.30	b.d.	972	4.9	b.d.	0.77	b.d.	0.31	1.92	0.05
3-1-1-c1	Lovq	47.74	b.d.	1555	9.3	2.9	1.71	0.03	0.09	6.38	b.d.
3-9-1-c2	Lovq	61.13	b.d.	1175	8.3	4.4	1.32	0.05	b.d.	2.08	b.d.
3-9-2-c3	Lovq	16.50	b.d.	597	6.9	6.6	0.96	b.d.	0.25	2.60	0.04
3-11-2-d1	POSTdq	58.76	b.d.	1301	8.2	b.d.	1.46	b.d.	0.05	3.97	0.04

续表 4-4

样品点号	阶段	w(Li)/10^{-6}	w(Be)/10^{-6}	w(Al)/10^{-6}	w(P)/10^{-6}	w(K)/10^{-6}	w(Ti)/10^{-6}	w(Cu)/10^{-6}	w(Zn)/10^{-6}	w(Ge)/10^{-6}	w(Pb)/10^{-6}
3-11-2-d2	POSTdq	31.57	b.d.	750	12.6	20.0	1.75	b.d.	0.02	2.07	0.01
3-12-1-d1	POSTdq	55.96	0.05	1508	7.0	15.3	2.00	0.06	0.31	3.94	0.01
3-12-1-d2	POSTdq	116.50	0.04	2439	6.6	24.4	2.89	0.03	0.29	5.73	0.02
3-6-1-d1	POSTdq	60.38	0.01	1759	7.8	b.d.	1.87	0.02	b.d.	28.79	0.02
3-6-1-d3	POSTdq	68.80	b.d.	1534	4.2	54.1	1.33	0.17	0.38	17.79	0.04
3-9-2-d1	POSTdq	64.30	b.d.	1142	6.6	22.5	1.24	0.08	0.27	3.28	0.02
3-9-2-d2	POSTdq	44.52	b.d.	1152	6.1	0.7	1.35	b.d.	0.08	2.48	0.01

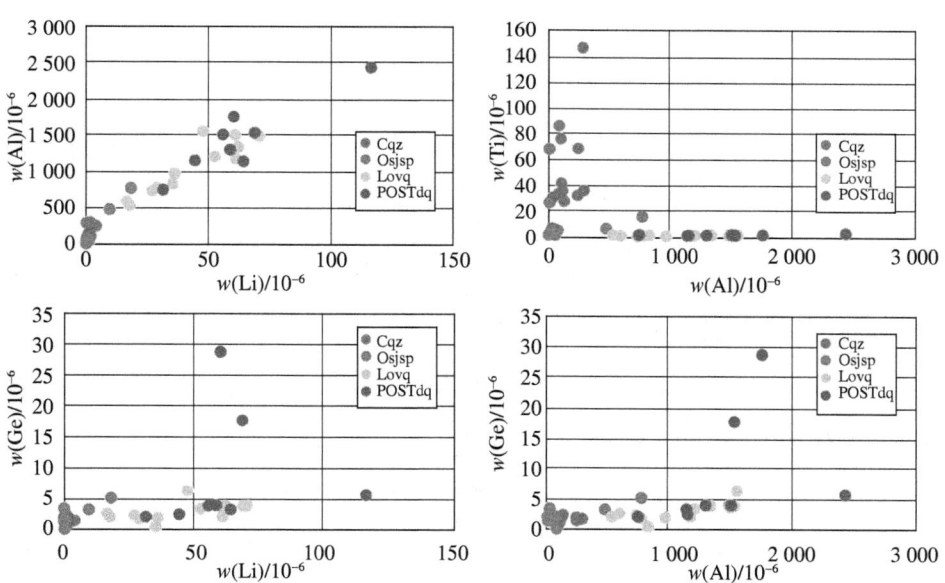

图 4-8 各阶段石英 Al-Li、Ti-Al、Ge-Li、Ge-Al 二元图

4.8 石英中微量元素变化的影响因素

前人的大量研究工作表明，石英中普遍存在的微量元素 Ti、Li、Al 和 Ge 可以反映石英形成时的物理化学状态（Gotte et al.，2011；Breiter et al.，2013；Audétat et al.，2015），它们在石英中主要以进入石英晶格的形式存在。因此在后续的讨论中，我们主要集中在这四种元素的行为上。从阴极发

光和 LA-ICPMS 数据可以看出，成矿期似碧玉状石英与成矿晚期和成矿期后的石英脉在 Ti、Li、Al 和 Ge 的含量上有明显的差别。

Ti 在石英中的含量主要与石英形成时的温度相关。在前人的研究中，Ti 温度计常在岩浆或岩浆热液矿床中用于揭示岩浆或成矿流体的演化过程(Breiter et al.，2013；Mao et al.，2017)。在沉积岩物源研究中，碎屑石英的 Ti 含量也常用于区分岩浆与非岩浆来源(Ackerson et al.，2015)。在本次研究中，碎屑石英(Cqz)的 Ti 含量普遍在 $2.7×10^{-5}$ 以上，与成矿相关的石英不同，其来源可确定为岩浆岩风化来源(Ackerson et al.，2015)。Ti 元素在成矿期石英($OSjsp$)中含量较高($1.5×10^{-6}$~$8.6×10^{-5}$)，而在成矿晚期($LOvq$)和成矿期后($POSTdq$)中则含量较低，分别为 $7.2×10^{-7}$~$2.05×10^{-6}$ 和 $1.24×10^{-6}$~$2.89×10^{-6}$。Ti 含量的降低，反映了各阶段石英形成的温度在逐渐降低。但 $OSjsp$ 中有处 Ti 含量异常高，可能是由石英中含 Ti 矿物包体引起的。

在电子探针分析数据中，Al 与 Si 为负相关(图 4-6)，前人的研究也表明，Al 在石英中以取代 Si 的方式赋存于石英晶格中(Gotte et al.，2011；Breiter et al.，2013；Audétat et al.，2015)。为平衡电荷，其取代方式通常为 $Al^{3+}+Li^{+}\longrightarrow Si^{4+}$ 或 $Al^{3+}+H^{+}\longrightarrow Si^{4+}$。因此 Al 与 Li 在各阶段石英中具有很好的正相关性(图 4-8)。

Al 在石英中的含量主要受到流体中 Al 含量的控制，而流体中 Al 的含量则受到流体中 CO_2、pH 以及含铝矿物(如沉积岩中钾长石碎屑、高岭石和伊利石)与流体之间的元素平衡等因素影响。Lehmann et al.(2011)认为，流体中 CO_2 含量的变化，对流体中 Al 含量的影响比 pH 变化更明显，流体中 CO_2 含量越高，Al 在流体中的溶解度则越低。在成矿作用过程中，成矿期 $OSjsp$ 石英和含砷黄铁矿的形成与去碳酸盐化作用同时进行，$OSjsp$ 石英在此过程中取代方解石、白云石位置。去碳酸盐化过程中，碳酸盐的溶解使 CO_2 大量释放，并使成矿流体中 CO_2 含量相对较高。随着去碳酸盐化的完成以及 CO_2 的逸出，流体中 CO_2 含量逐渐降低，使流体中 Al 溶解度升高。伴随着黏土矿化的进行，黏土矿物(高岭石、伊利石)中的 Al 也更多地进入流体(Rusk et al.，2008)。因此，流体中 Al 含量逐渐上升，并导致各阶段沉淀出的石英中 Al 含量也逐渐上升。

Ge 元素在石英中含量较低，但可以看出与 Al 有较弱的正相关性。表明 Ge 与 Al 可能来源于同时含 Ge 和 Al 的矿物。此外，包括钾长石、白云母、高岭石向伊利石转化的过程(Lehmann et al.，2011)中也会释放 Ge。

4.9 石英氧同位素变化的影响因素及成矿流体来源

热液石英的氧同位素特征主要受到流体氧同位素组成和温度变化的影响。根据本次工作包裹体测温数据和 Zhang 等(2003)的研究结果，烂泥沟金矿的主成矿阶段石英包裹体均一温度为 170～360 ℃，主要集中在 250 ℃左右；晚期石英包裹体均一温度为 140～225 ℃，主要集中在 200 ℃左右；方解石包裹体均一温度则在 150 ℃左右。为便于计算，在参考了前人工作和本次数据的基础上，我们取各阶段石英形成平均温度分别为：成矿期似碧玉状石英(OSjsp)为 250 ℃，晚期微细脉石英(LOvq)为 200 ℃，成矿期后晶簇状石英(LOdq)为 150 ℃。

根据 Clayton 等(1972)和 Matsuhisa 等(1979)的石英-水体系氧同位素分馏公式计算，在流体氧同位素组成不变的条件下，当流体温度从 250 ℃下降到 150 ℃时，形成的石英氧同位素变化幅度可达 6.53‰。分析结果表明，与成矿相关的石英氧同位素值 $\delta^{18}O$ 范围是 12.1‰～26.9‰，其变化幅度为 14.8‰，远远超出了受温度影响的变化幅度。因此，流体温度的变化并不是引起石英氧同位素大幅变化的主要因素，但在一定程度上加剧了变化的幅度。

根据各阶段石英的形成温度，我们对与之平衡的成矿流体氧同位素组成进行了计算，结果见图 4-9。根据计算结果，成矿流体 $\delta^{18}O$ 变化范围为 3.2‰～16.2‰。流体在成矿阶段 $\delta^{18}O$ 变化范围较宽(3.21‰～15.9‰)，显示出两个不同 $\delta^{18}O$ 特征流体不同比例的混合过程。成矿晚期(12.5‰～16.2‰)和成矿期后(9.0‰～11.5‰)变化范围较窄，若考虑温度变化的影响，则成矿流体在成矿晚期和成矿期后两个阶段变化很小，可能反映了成矿体系在最后阶段仅由一个端元的流体为主导。

从成矿阶段流体的 $\delta^{18}O$ 值范围可以看出，混合流体的其中一个端元 $\delta^{18}O$ 值较低，落在岩浆相关流体的 $\delta^{18}O$ 范围(0～5‰)，另一端元则具有较高的 $\delta^{18}O$ 值，其来源可能为与围岩进行了充分同位素交换的盆地流体。值得注意的是，在美国的卡林型金矿中，传统的 H‐O 同位素及原位氧同位素大多数都表现出降低的趋势，其解释为成矿过程中大气水的逐渐加入导致流体 H‐O 同位素向大气水靠近(Cline et al.，2005；Muntean et al.，2011)。然而，大气水的作用也并不是在每个矿床中都非常明显，比如 Getchell 和 Turquoise Ridge 金矿(Muntean et al.，2011)。同样，在"滇黔桂"地区，很多典型的卡林型金矿传统石英、高岭石 H‐O 同位素具有较宽的分布范围，且有大气水混合特征(Hu et al.，2002；Hofstra et al.，2005；Tan et al.，2015；Hu et al.，2017)。但是在烂泥沟金矿中，传统的石英 H‐O 同位素分布范围很窄且具有较高 $\delta^{18}O$ 值(Zhang et al.，2003)，本次工作中的成矿晚期及成矿期后的石英原位 O 同位素特征也未表现出明显的大气水影响。因此我们可以认为，烂泥沟金矿的成矿流体在成矿过程中，大气水的影响可能比较微弱。

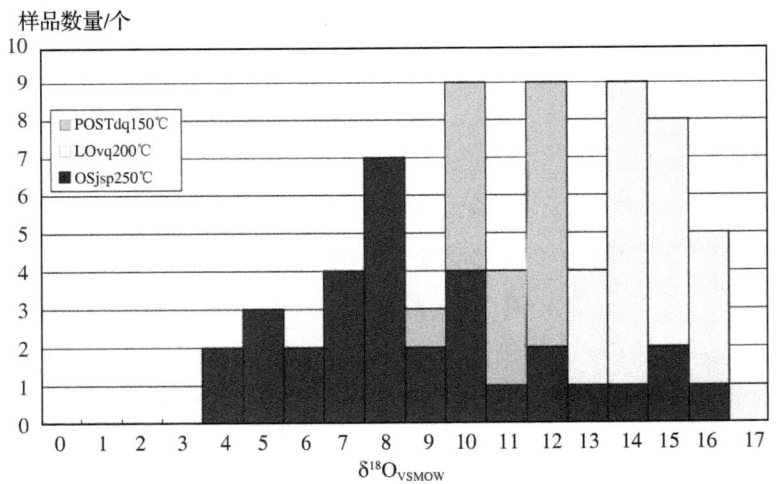

图4‐9 各阶段流体氧同位素组成直方图(由石英氧同位素数据计算)

4.10 本章小结

通过阴极发光 CL 以及原位 LA‐ICPMS 和 SHRIMP 对不同阶段石英的微量元素及氧同位素进行研究，取得了以下认识：

(1) 阴极发光在石英原位分析工作中可很好地区分出不同期次和成因的石英，在今后的相关工作中可以发挥重要作用。

(2)石英中 Al、Li、Ti 和 Ge 等元素含量的变化受到成矿作用过程中各蚀变作用及矿物组成的影响，可以为研究成矿流体的性质和来源提供信息。Al 和 Li 随着成矿作用的进行，在流体和石英中含量逐渐升高，反映出了成矿过程中的蚀变作用，从成矿早期到成矿晚期和成矿期后，由去碳酸盐化逐渐向黏土化转变的过程。Ti 含量的逐渐降低，则反映了成矿流体温度逐渐降低的过程。

(3)SHRIMP 原位石英氧同位素组成揭示了烂泥沟金矿成矿流体的混合来源特征，且受大气水的影响较微弱。数据表明，低氧同位素端元的流体有岩浆相关流体的 $\delta^{18}O$ 特征，高氧同位素端元的流体可能来源于盆地深循环流体。

5 含砷黄铁矿原位地球化学特征

在对卡林型金矿成矿流体进行研究的过程中，前人运用了多种方法来揭示成矿热液的组成和来源，包括单颗粒 S 同位素、石英流体包裹体 H-O 同位素、方解石单颗粒 C-O 同位素、单个流体包裹体原位微量元素(Su et al.，2009a)、二次离子探针(SIMS)原位石英氧同位素(Kesler et al.，2005；Lubben et al.，2012)、激光剥蚀等离子质谱(LA-ICPMS)含砷黄铁矿原位微量元素和二次离子探针(SIMS 或 SHRIMP)含砷黄铁矿原位 S 同位素分析(Large et al.，2009、2011；Muntean et al.，2011)等。同脉石矿物相比，对主要赋金矿物含砷黄铁矿的分析可以为研究成矿热液流体物理化学特征提供最直接的信息。

5.1 含砷黄铁矿研究现状

含砷黄铁矿作为卡林型金矿的主要载金矿物，对它研究从一开始就受到广泛关注。在大多数卡林型金矿中，均能见到含砷黄铁矿的核-环结构。含砷黄铁矿直径大多小于 200 μm，其含金增生环带大多小于 30 μm，因此为矿物结构的研究增添了较多困难，也由此确定了将原位微区测试技术作为研究含砷黄铁矿微细结构特征的主要手段。前人主要的原位微区测试手段包括扫描电镜能谱(SEM-EDS)、电子探针波谱(EPMA-WDS)、激光剥蚀等离子体质谱(LA-ICPMS)和二次离子探针(SIMS 或 SHRIMP)。上述方法各有利弊，但均未对含砷黄铁矿的环带结构信息进行精细的解译，因此从含砷黄铁矿中获取的成矿信息，尤其是成矿过程信息非常有限。

扫描电镜能谱的检测限在 1%，EPMA 的检测限在 0.1%。因此虽然二者电子束斑直径可以小至 1 μm，但无法将微量元素，尤其是 Au 在含砷黄铁矿中的分布表现出来。激光剥蚀等离子体质谱和二次离子探针的检测限在 1×10^{-6} 甚至 1×10^{-9} 级别，但激光剥蚀等离子体质谱和二次离子探针的常用束斑在 10 μm 甚至更大(Large et al.，2009；Deditius et al.，2008、2014)，对于宽度小于 30 μm 的增生环带而言，无法将其中元素分布的细节展示出来。

本次工作中，除了采用传统的扫描电镜和电子探针对黄铁矿的基本形貌特征和元素分布特征进行研究之外，还采用了同时具有高空间分辨率和低检测限的纳米离子探针（NanoSIMS）对含砷黄铁矿的增生环带内部化学结构及地球化学特征进行了详细的研究，其初始束流直径为 100 nm，单点硫同位素分析区域直径为 1~2 μm。

5.2 样品采集和处理

为取得成矿流体在时间和空间上变化的较全面的信息，我们对矿床的不同位置均进行了样品采集。根据矿石金品位的不同，我们对露天采场中位于 F3 断层的主矿体进行了系列采样，水平标高为 500~520 m。地下采场的矿体从新鲜矿石堆中选取了数十件具有不同金品位的矿石样品，采场标高为 250~370 m。主要测试方法所用的样品描述见表 5-1。在通过镜下初步筛选之后，其中 7 个样品用于 SEM 和 EPMA 分析，6 件样品用于 NanoSIMS 原位 S 同位素和元素面扫描分析。为了与黄铁矿原位 S 同位素进行对比，我们同时对另 10 件样品的单颗粒硫化物 S 同位素进行了传统分析。

表 5-1 样品采集列表及描述

样品编号	样品描述	采样位置	分析方法
LNG3-1	高金品位深灰色石英脉角砾粉砂岩矿石，含含砷黄铁矿	露天采场 F3 断层矿体，标高 520 m	EPMA, NanoSIMS
LNG3-3			EPMA
LNG3-8	浅灰色低金品位含石英脉砂岩矿石，含浸染状含砷黄铁矿	露天采场 F3 断层矿体，标高 500 m	EPMA, NanoSIMS
LNG3-9	石英脉粉砂岩矿石，含浸染状含砷黄铁矿，金品位从 4.5 g/t 到 6 g/t	地下采场 F3 矿体，标高 250~370 m（从新鲜矿堆采集）	EPMA, NanoSIMS
LNG3-11			EPMA, NanoSIMS
LNG3-12			EPMA, NanoSIMS

续表 5-1

样品编号	样品描述	采样位置	分析方法
LNG6-1	细石英脉粉砂岩,含立方晶型黄铁矿和方解石角砾	靠近 F3 矿体,金品位很低的围岩,标高 500 m	EPMA,NanoSIMS
LNG-K-2	乳白色石英脉矿石,含辉锑矿和粉砂岩角砾	地下采场 F3 矿体,标高 250～370 m(从新鲜矿堆采集)	单矿物硫同位素分析
LNG-K-3	深灰色含石英脉角砾粉砂岩,石英脉中含少量辰砂、辉锑矿和雄黄		
LNG-K-4	深灰色含石英脉角砾粉砂岩,石英脉中含少量辰砂、辉锑矿和雄黄		
LNG-K-5	含石英脉黑色泥质岩矿石,石英脉中含大量雄黄		
LNG-K-6	深灰色石英脉粉砂岩,含少量雄黄、雌黄		
LNG-K-8	含石英脉黑色泥质岩矿石,石英脉中含大量雄黄以及晶簇状石英		
LNG-K-12	粗脉石英,含大量雄黄及晶簇状石英		
LNG-K-13	黑色石英脉泥质岩矿石,含大量雄黄和少量辰砂		
LNG-K-16	粗脉石英,含少量雄黄及辉锑矿		
LNG-K-20	乳白色石英脉,含少量辰砂和辉锑矿		

5.3 含砷黄铁矿形貌特征

将样品制成厚度为 70 μm 的薄片之后,首先对样品进行了仔细的镜下观察。根据镜下黄铁矿形态及结构特征,烂泥沟金矿中的黄铁矿可分为三类(图 5-1):形成于热液矿化之前的第一类黄铁矿(Py-1);经历了成矿热液事件,形成了增生环带,具有卡林型金矿典型的核-环结构的第二类黄铁矿(Py-2);形成于成矿过程的微细粒黄铁矿(Py-3)。金主要赋存在 Py-2 的增生环带和 Py-3 中(Zhang et al.,2003)。

Py-1 在所研究的样品中只见于 LNG-6 样品,该样品从靠近矿体的含金品位很低的围岩中采集。镜下可观察到残余方解石和他形石英,反映了去碳酸盐化现象的存在。Py-1 的主要特征是晶型较好,多为立方体晶型,抛光面较光滑,成分较均一。

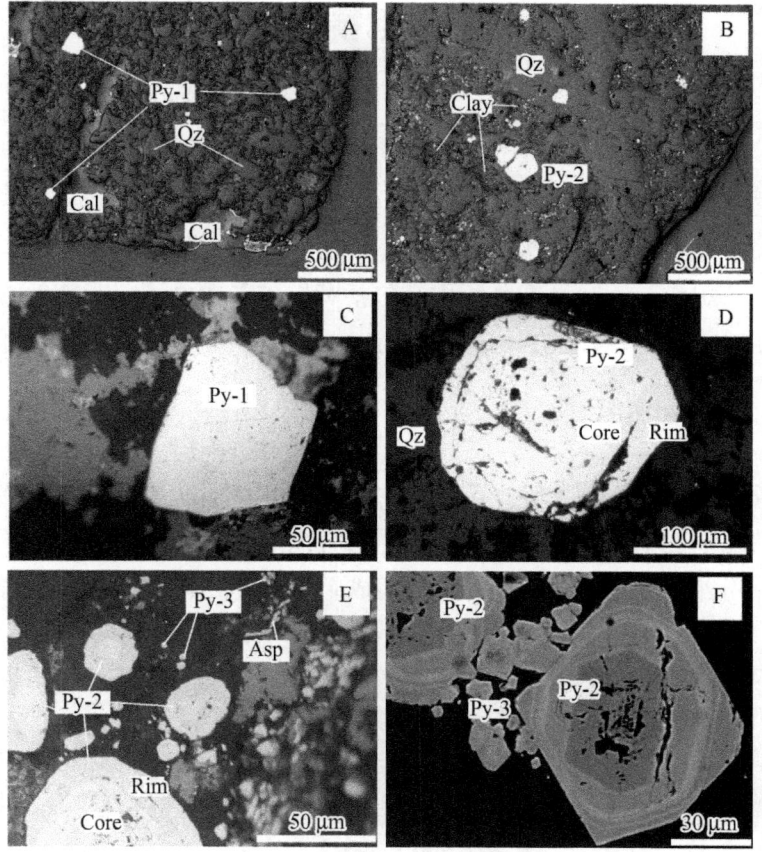

（A）样品 LNG6-1 反射光图像,该样品采自矿体边缘的低 Au 品位围岩,其中的黄铁矿低 As 低 Au 或无 Au,残余方解石表明了该样品经历了去碳酸盐化。（B）样品 LNG3-1 反射光图像,其中含砷黄铁矿呈浸染状分布在粉砂岩基质及石英脉中。（C）LNG6-1 样品中成矿前黄铁矿（Py-1）反射光图像。（D）（E）含砷黄铁矿 Py-2 和 Py-3 反射光图像。（F）Py-2 与 Py-3 黄铁矿的背散射图像,从背散射图像中可明显看出其中的韵律环带结构。

图 5-1　烂泥沟卡林型金矿中黄铁矿反射光及背散射特征

Py-2 主要出现在 F3 断层的含石英脉矿体中,是烂泥沟卡林型金矿的主要载金矿物,粒径在 50～200 μm,呈浸染状分布在粉砂质-泥质岩中。其核部较为粗糙、多孔,环带部分与核部相比,在反射光下颜色偏红,并有多期次环带。

Py-3 同样作为载金矿物主要分布在 F3 断层矿体中,其粒径小于 15 μm,大多集中在 5~10 μm。

5.4 含砷黄铁矿扫描电镜(SEM)分析

5.4.1 分析方法

本次研究扫描电镜分析采用 JEOL JSM7800F 在中国科学院地球化学研究所矿床地球化学国家重点实验室完成。分析条件为:加速电压 10 kV,束流 10 nA,束斑直径为 1 μm。分析内容包括黄铁矿二次电子,背散射图像,黄铁矿中 Fe、S、As、Cu、Pb、Mg、Au、Co、Ni 等元素面扫描及线扫描。

5.4.2 分析结果

成矿前的黄铁矿(Py-1)与成矿期黄铁矿(Py-2 和 Py-3)在背散射和面扫描图像下有着明显的区别。成矿前黄铁矿的背散射图像无明显环带特征,表明其化学成分组成较为均一(图 5-2),而成矿期黄铁矿则具有明显的核部-环带结构(图 5-3)。

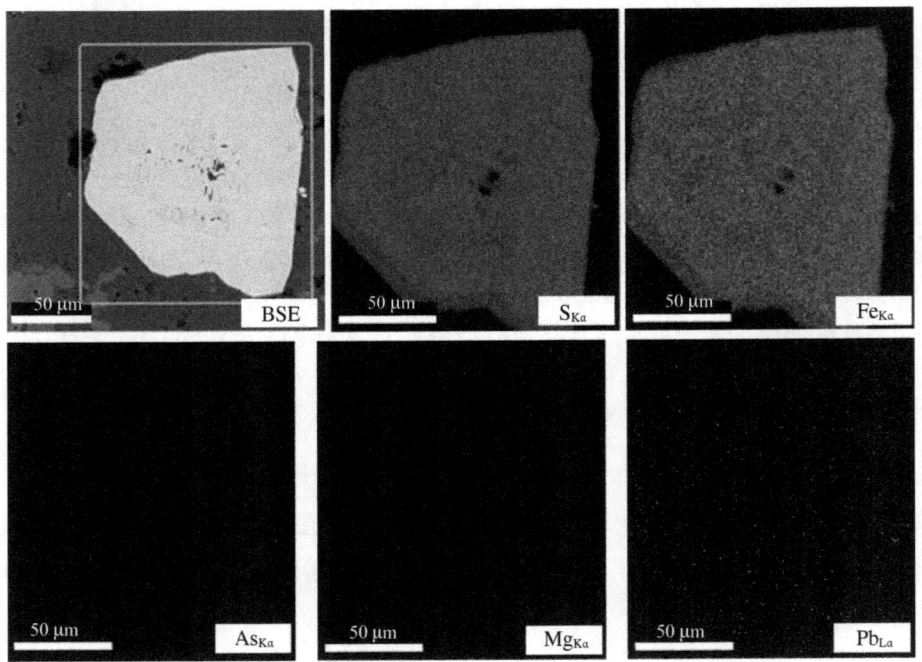

图 5-2 成矿前黄铁矿(LNG-6-1)背散射图和 SEM 元素面扫描

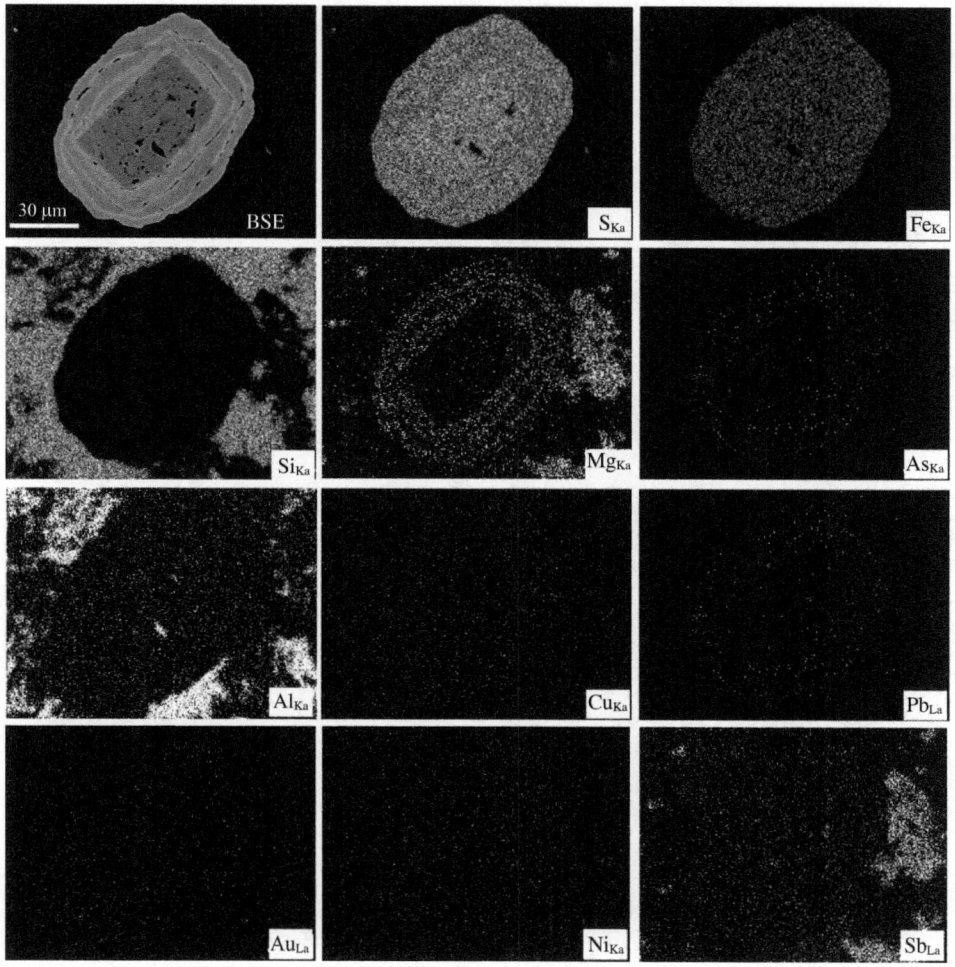

图 5-3 成矿期黄铁矿 BSE 及 SEM 元素面扫描

注：BSE 为背散射；SEM 为扫描电子显微镜。

从面扫描图像可以发现，与成矿期含砷黄铁矿相比，成矿前黄铁矿(Py-1)成分均一，无化学成分环带，As 含量很低。

成矿期含砷黄铁矿(Py-2)除了镜下有明显的核部-环带结构以外，其化学组成也有明显的分带性。在扫描电镜的检出限下，以 As、Mg 和 Pb 尤为明显。Mg 元素甚至能看到与 BSE 图像相对应的亚环带结构。黄铁矿中 Cu、Au、Ni、Sb 等元素略显出黄铁矿的形状，但由于 SEM 的检出限过高，无法真实地反映出这些含量较低的元素的分布特征。

由于面扫描中对环带内部结构反映得不够清晰,因此我们将环带放大之后,对环带部分进行了线扫描,发现了 S、As、Mg 及 Pb 之间具有较好的相关性,其结果如图 5-4 所示。

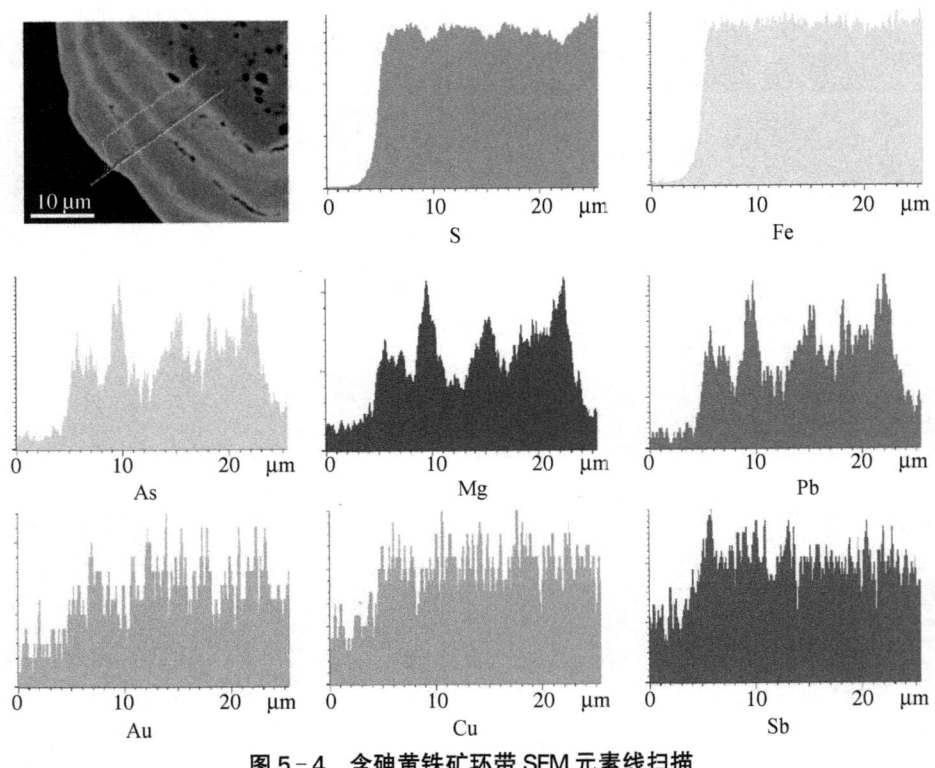

图 5-4　含砷黄铁矿环带 SEM 元素线扫描

从线扫描可以看出,背散射图中环带内的亮条带对应了 As 含量的峰值。S 含量与 As 负相关,Mg、Pb 与 As 含量正相关。Au、Cu、Sb 等元素由于检出限原因,未能看出与 As 的相关性。

由于 Mg 是亲石元素,多以含氧矿物形式存在,因此其在含砷黄铁矿中的存在形式无法通过 SEM 准确确定。鉴于含砷黄铁矿增生环带的性质,Mg 可能以白云石或者伊利石等矿物的纳米颗粒包裹于环带之中。白云石或伊利石纳米颗粒的加入,最直接的影响是导致了黄铁矿增生环带的硬度下降,质地疏松(赵成海,2014)。但这些矿物对成矿过程中 Au 的沉淀是否有影响,则未见前人有相关的研究报道。而本次工作中由于将工作重点放在了 As 与 Au 的相关性以及流体性质和来源等问题上,也未对该现象做进一步工作。

5.5 电子探针元素分析

为准确揭示含砷黄铁矿中各主量、次主量及主要成矿元素之间的相关性，我们在进行 NanoSIMS 测试前的准备工作中，对黄铁矿的核部及环带的 Fe、S、As、Cu、Au、Ni 等元素含量进行了分析。在 NanoSIMS 工作完成之后，还对环带中的元素变化进行了更为细致的研究。

5.5.1 分析方法

含砷黄铁矿 Fe、S、As、Cu、Au、Co、Ni 等元素分析采用 JEOL JXA-8100 型号电子探针，在长安大学地球科学与资源学院完成。仪器加速电压为 15 kV，电流为 10 nA，束斑直径为 1 μm，元素积分时间为 10 s，前后背景值积分时间为 5 s。各元素特征 X 射线为 Fe(Kα)、S(Kα)、As(Lα)、Au(Lα)、Ni(Kα)、Co(Kα)、Cu(Kα) 和 Se(Lα)。采用 ZAF 方法校正。

5.5.2 分析结果

NanoSIMS 分析前后的两次电子探针分析数据见表 5-2 和表 5-3。

表 5-2 烂泥沟卡林型金矿含砷黄铁矿核部与增生环带 EPMA 元素分析

样品编号	Fe (0.30)	S (0.20)	As (0.01)	Cu (0.01)	Ni (0.02)	Au (0.04)	总含量/%	区域
LNG3-3-1-1-1	43.75	46.79	8.62	b.d.	b.d.	0.02	99.18	Rim
LNG3-3-1-1-2	45.36	50.18	3.47	0.16	b.d.	0.20	99.37	Rim
LNG3-3-1-1-3	44.16	47.66	6.55	0.35	b.d.	b.d.	98.72	Rim
LNG3-3-1-2-1	44.67	47.99	5.97	0.11	b.d.	b.d.	98.74	Rim
LNG3-3-1-2-2	44.95	49.04	4.66	0.06	b.d.	b.d.	98.71	Rim
LNG3-3-1-2-3	43.98	47.19	8.00	0.04	b.d.	b.d.	99.21	Rim
LNG3-3-1-2-4	45.34	50.06	3.03	0.20	0.13	0.16	98.92	Rim
LNG3-3-2-1-1	45.32	50.08	3.43	0.05	b.d.	b.d.	98.88	Rim

续表 5-2

样品编号	Fe (0.30)	S (0.20)	As (0.01)	Cu (0.01)	Ni (0.02)	Au (0.04)	总含量/%	区域
LNG3-3-2-1-2	43.49	46.40	9.03	0.01	b.d.	b.d.	98.93	Rim
LNG3-3-2-1-3	44.46	47.97	5.95	0.19	0.03	0.05	98.65	Rim
LNG3-3-2-2-1	44.73	48.89	5.22	0.04	b.d.	b.d.	98.88	Rim
LNG3-3-2-2-2	46.00	51.54	1.44	0.05	b.d.	b.d.	99.03	Rim
LNG3-3-2-2-3	43.86	48.08	6.69	0.04	b.d.	b.d.	98.67	Rim
LNG3-3-2-2-4	45.57	49.63	3.24	0.04	b.d.	b.d.	98.48	Rim
LNG3-3-2-2-5	44.33	48.12	6.65	0.14	b.d.	b.d.	99.24	Rim
LNG3-3-4-1-1	45.36	50.06	3.32	b.d.	b.d.	b.d.	98.74	Rim
LNG3-3-4-1-2	43.55	46.89	8.49	0.01	b.d.	b.d.	98.94	Rim
LNG3-3-4-1-3	45.61	50.96	2.54	0.08	b.d.	0.11	99.30	Rim
LNG3-3-4-1-4	44.34	47.91	7.06	0.13	0.09	b.d.	99.53	Rim
LNG3-8-1-1-1	45.51	50.85	3.20	0.22	b.d.	b.d.	99.78	Rim
LNG3-8-1-1-2	45.43	50.37	3.21	0.11	b.d.	0.09	99.21	Rim
LNG3-8-2-1-3	45.91	51.27	1.93	0.11	b.d.	b.d.	99.22	Rim
LNG3-8-2-1-4	44.90	49.12	5.18	0.01	b.d.	b.d.	99.21	Rim
LNG3-8-2-1-5	45.35	50.34	3.01	0.24	b.d.	0.01	98.95	Rim
LNG3-8-3-1-1	45.00	49.12	4.97	0.10	0.02	0.09	99.30	Rim
LNG3-8-3-1-2	45.95	51.32	1.60	0.05	b.d.	0.07	98.99	Rim
LNG3-8-3-1-3	45.23	49.95	3.57	0.06	b.d.	b.d.	98.81	Rim
LNG3-8-3-2-2	44.12	48.31	5.42	0.07	b.d.	0.13	98.05	Rim
LNG3-8-4-1-1	45.45	50.01	2.77	0.14	b.d.	0.11	98.48	Rim
LNG3-8-4-1-2	45.34	49.31	4.26	0.08	b.d.	b.d.	98.99	Rim
LNG3-8-4-2-1	45.65	50.87	2.50	0.18	b.d.	b.d.	99.20	Rim
LNG3-8-4-2-2	44.34	48.93	5.48	0.05	b.d.	0.15	98.95	Rim
LNG3-8-4-2-3	45.53	50.47	3.40	0.16	b.d.	b.d.	99.56	Rim
LNG3-8-4-2-4	45.23	50.20	4.17	0.14	b.d.	b.d.	99.74	Rim
LNG3-8-5-1-1	46.30	50.96	1.90	0.01	b.d.	b.d.	99.17	Rim

续表 5-2

样品编号	Fe (0.30)	S (0.20)	As (0.01)	Cu (0.01)	Ni (0.02)	Au (0.04)	总含量/%	区域
LNG3-8-5-1-2	45.26	48.81	5.00	0.00	0.04	0.05	99.16	Rim
LNG3-8-5-2-1	45.07	51.08	2.24	0.06	b.d.	b.d.	98.45	Rim
LNG3-8-5-2-2	44.85	49.26	5.18	0.13	b.d.	b.d.	99.42	Rim
LNG3-8-5-2-3	45.64	51.23	1.79	0.10	b.d.	0.07	98.83	Rim
LNG3-8-6-1-1	45.10	50.37	3.06	0.19	b.d.	0.11	98.83	Rim
LNG3-8-6-1-2	45.28	49.57	4.36	0.16	b.d.	b.d.	99.37	Rim
LNG3-8-6-2-1	45.88	50.35	3.32	0.22	b.d.	b.d.	99.77	Rim
LNG3-8-6-2-2	45.38	49.58	4.19	0.12	b.d.	b.d.	99.27	Rim
LNG3-9-1-2-2	45.18	49.45	4.27	0.03	b.d.	b.d.	98.93	Rim
LNG3-9-1-4-1	45.75	51.17	1.23	0.04	b.d.	b.d.	98.19	Rim
LNG3-9-1-4-2	44.48	48.27	5.34	0.06	b.d.	b.d.	98.15	Rim
LNG3-9-2-1-2	45.78	50.44	2.66	0.19	b.d.	0.11	99.18	Rim
LNG3-9-2-2-10	45.41	50.80	2.73	0.03	b.d.	0.04	99.01	Rim
LNG3-9-2-2-2	45.41	50.11	3.40	0.14	b.d.	b.d.	99.06	Rim
LNG3-9-2-2-4	45.87	50.95	1.21	0.01	b.d.	b.d.	98.04	Rim
LNG3-9-2-3-1	45.37	50.53	3.24	0.09	b.d.	b.d.	99.23	Rim
LNG3-9-2-3-2	44.96	49.89	4.30	0.10	b.d.	b.d.	99.25	Rim
LNG3-9-2-3-3	44.78	49.06	6.00	0.04	b.d.	b.d.	99.88	Rim
LNG3-9-4-1-1	45.48	50.78	2.64	0.03	b.d.	b.d.	98.93	Rim
LNG3-9-4-1-2	43.92	46.86	8.47	0.06	0.02	b.d.	99.33	Rim
LNG3-9-5-2-1	45.16	50.64	2.21	0.16	0.03	b.d.	98.20	Rim
LNG3-9-5-2-2	44.17	48.11	5.77	0.11	0.02	0.06	98.24	Rim
LNG3-11-1-1-1	44.84	49.96	3.57	0.10	b.d.	b.d.	98.47	Rim
LNG3-11-1-1-2	45.24	50.77	2.62	0.02	b.d.	b.d.	98.65	Rim
LNG3-11-1-1-3	43.65	47.68	7.31	0.34	b.d.	b.d.	98.98	Rim
LNG3-11-2-1-1	45.26	50.88	2.20	0.10	b.d.	0.05	98.49	Rim
LNG3-11-2-1-2	44.56	49.55	4.31	0.21	0.05	b.d.	98.68	Rim

续表 5-2

样品编号	Fe (0.30)	S (0.20)	As (0.01)	Cu (0.01)	Ni (0.02)	Au (0.04)	总含量/%	区域
LNG3-11-2-1-3	44.76	49.70	4.60	0.14	b.d.	b.d.	99.20	Rim
LNG3-11-2-2-1	44.55	49.93	3.55	0.18	b.d.	b.d.	98.21	Rim
LNG3-11-2-2-1-2	45.04	49.77	3.31	0.17	b.d.	b.d.	98.29	Rim
LNG3-11-2-2-2	45.42	50.53	2.89	0.03	0.03	0.09	98.99	Rim
LNG3-11-2-2-3	43.75	47.74	6.59	0.23	b.d.	b.d.	98.31	Rim
LNG3-11-2-3-1	45.32	50.95	2.45	0.06	b.d.	0.08	98.86	Rim
LNG3-11-2-3-2	45.10	50.08	3.14	0.09	b.d.	b.d.	98.41	Rim
LNG3-11-4-1-1	44.98	50.35	3.27	0.02	b.d.	0.18	98.80	Rim
LNG3-11-4-1-2	43.74	47.61	7.07	0.32	0.04	b.d.	98.78	Rim
LNG3-11-4-2-1	45.70	50.08	3.23	0.08	b.d.	0.20	99.29	Rim
LNG3-11-4-2-2	44.80	47.66	6.35	0.15	b.d.	b.d.	98.96	Rim
LNG3-11-5-1-2	44.03	48.10	7.23	0.41	b.d.	b.d.	99.77	Rim
LNG3-11-5-2-1	44.37	49.03	5.00	0.04	b.d.	b.d.	98.44	Rim
LNG3-11-5-2-2	43.75	47.24	7.78	0.30	b.d.	b.d.	99.07	Rim
LNG3-3-1-1-4	46.38	52.14	b.d.	b.d.	0.14	b.d.	98.66	Core
LNG3-3-2-2-6	46.23	52.35	b.d.	0.03	b.d.	b.d.	98.61	Core
LNG3-3-4-1-5	46.36	52.30	0.55	0.03	b.d.	b.d.	99.24	Core
LNG3-8-1-1-3	46.03	52.87	0.07	b.d.	0.09	b.d.	99.06	Core
LNG3-8-2-1-6	46.62	52.31	0.47	b.d.	b.d.	0.07	99.47	Core
LNG3-8-3-1-4	46.42	52.63	0.09	0.02	b.d.	b.d.	99.16	Core
LNG3-8-3-2-3	46.47	52.56	0.07	b.d.	b.d.	0.10	99.20	Core
LNG3-8-4-1-3	46.64	52.60	0.04	0.03	b.d.	b.d.	99.31	Core
LNG3-8-4-2-5	46.85	52.75	0.02	0.01	b.d.	b.d.	99.63	Core
LNG3-8-5-1-3	46.44	51.87	0.43	0.01	b.d.	b.d.	98.75	Core
LNG3-8-6-1-3	46.59	52.11	0.44	b.d.	0.02	b.d.	99.16	Core
LNG3-8-6-2-3	46.90	52.55	0.27	b.d.	b.d.	0.06	99.78	Core
LNG3-9-1-2-3	46.35	52.40	0.03	0.04	b.d.	b.d.	98.82	Core

续表 5-2

样品编号	Fe (0.30)	S (0.20)	As (0.01)	Cu (0.01)	Ni (0.02)	Au (0.04)	总含量/%	区域
LNG3-9-1-4-4	46.67	52.65	b.d.	0.04	0.03	b.d.	99.39	Core
LNG3-9-2-2-3	46.35	52.44	b.d.	0.02	b.d.	b.d.	98.81	Core
LNG3-9-2-3-4	46.47	52.68	b.d.	b.d.	b.d.	b.d.	99.15	Core
LNG3-9-2-3-5	46.22	52.74	b.d.	0.01	0.02	b.d.	98.99	Core
LNG3-9-3-2-3	46.41	52.18	b.d.	b.d.	b.d.	b.d.	98.59	Core
LNG3-9-3-2-4	46.10	52.37	0.07	b.d.	0.06	b.d.	98.60	Core
LNG3-9-4-1-3	46.44	52.72	0.02	0.04	b.d.	b.d.	99.22	Core
LNG3-9-4-1-4	46.14	52.56	0.01	b.d.	0.02	b.d.	98.73	Core
LNG3-9-4-2-4	45.80	52.40	0.07	0.02	b.d.	b.d.	98.29	Core
LNG3-9-4-2-5	45.74	52.97	b.d.	0.04	0.30	b.d.	99.05	Core
LNG3-9-5-1-2	45.39	52.72	0.05	b.d.	b.d.	b.d.	98.16	Core
LNG3-9-5-1-3	46.39	52.13	0.01	b.d.	b.d.	b.d.	98.53	Core
LNG3-9-5-1-4	45.90	51.53	0.65	0.12	b.d.	b.d.	98.20	Core
LNG3-9-5-2-3	45.80	51.93	0.22	0.06	0.07	0.06	98.14	Core
LNG3-9-5-2-4	46.49	52.27	b.d.	b.d.	b.d.	b.d.	98.76	Core
LNG3-11-1-1-4	46.02	52.32	0.30	b.d.	b.d.	b.d.	98.64	Core
LNG3-11-2-1-4	46.64	52.86	b.d.	b.d.	b.d.	0.05	99.55	Core
LNG3-11-2-1-5	46.12	51.96	0.43	b.d.	0.41	b.d.	98.92	Core
LNG3-11-2-2-4	46.85	52.51	0.01	0.04	0.02	b.d.	99.43	Core
LNG3-11-2-2-5	46.50	52.43	0.04	0.01	0.04	b.d.	99.02	Core
LNG3-11-2-3-3	46.19	52.23	0.02	b.d.	0.25	b.d.	98.69	Core
LNG3-11-2-3-4	46.68	52.58	0.05	b.d.	b.d.	b.d.	99.31	Core
LNG3-11-4-1-3	46.35	52.53	b.d.	0.01	0.03	b.d.	98.92	Core
LNG3-11-4-2-3	46.46	52.46	0.09	0.02	b.d.	b.d.	99.03	Core
LNG3-11-5-1-3	45.86	52.49	b.d.	b.d.	b.d.	b.d.	98.35	Core
LNG3-11-5-2-3	46.36	52.62	0.01	b.d.	b.d.	b.d.	98.99	Core
LNG6-1-1-01	47.09	53.19	0.09	b.d.	b.d.	b.d.	100.37	Core

续表 5-2

样品编号	Fe (0.30)	S (0.20)	As (0.01)	Cu (0.01)	Ni (0.02)	Au (0.04)	总含量/%	区域
LNG6-1-1-02	47.15	53.52	0.18	b.d.	b.d.	b.d.	100.85	Core
LNG6-1-1-03	45.84	52.29	0.69	0.13	0.03	b.d.	98.98	Core
LNG6-1-1-04	46.50	52.93	0.15	0.01	0.03	b.d.	99.62	Core
LNG6-1-1-05	46.92	53.35	0.03	0.04	0.03	b.d.	100.37	Core
LNG6-1-1-06	46.65	53.07	0.22	b.d.	0.03	0.12	100.09	Core
LNG6-1-1-07	47.09	53.86	0.06	0.09	b.d.	b.d.	101.10	Core
LNG6-1-2-01	46.93	53.30	0.11	b.d.	0.05	0.06	100.45	Core
LNG6-1-2-02	46.57	53.82	0.03	b.d.	b.d.	b.d.	100.42	Core
LNG6-1-2-03	47.56	53.43	0.21	b.d.	b.d.	b.d.	101.20	Core
LNG6-1-2-04	45.97	53.77	0.10	b.d.	b.d.	0.10	99.94	Core
LNG6-1-2-05	46.89	53.07	b.d.	0.11	b.d.	0.10	100.17	Core

注：括号内数据为元素检出限，Rim 为黄铁矿环带，Core 为黄铁矿核心。

表 5-3　不同阶段黄铁矿电子探针分析数据

样品编号	Fe (0.30)	S (0.20)	As (0.01)	Cu (0.01)	Ni (0.02)	Au (0.04)	总含量/%	区域
LNG3-1-1-1-01	47.53	53.55	0.11	b.d.	b.d.	b.d.	101.19	1
LNG3-1-1-1-02	47.33	53.25	0.15	b.d.	b.d.	0.09	100.82	1
LNG3-1-1-3-01	46.33	51.79	0.26	0.03	b.d.	0.19	98.60	1
LNG3-1-1-3-02	46.40	52.16	0.32	b.d.	b.d.	b.d.	98.89	1
LNG3-9-2-1-01	46.11	52.72	b.d.	b.d.	0.04	b.d.	98.87	1
LNG3-9-2-1-02	45.92	52.25	b.d.	0.02	0.03	0.20	98.42	1
LNG3-9-2-2-01	47.27	53.44	b.d.	0.02	0.05	0.07	100.85	1
LNG3-9-2-2-02	47.07	53.04	0.05	b.d.	b.d.	0.14	100.30	1
LNG3-11-2-1-01	46.42	53.16	b.d.	b.d.	b.d.	b.d.	99.58	1
LNG3-11-2-1-02	46.89	53.56	0.03	b.d.	b.d.	b.d.	100.48	1
LNG3-11-2-2-01	46.25	53.10	0.02	b.d.	b.d.	0.12	99.50	1
LNG3-11-2-4-01	46.50	53.33	b.d.	0.03	b.d.	b.d.	99.86	1

续表 5-3

样品编号	Fe (0.30)	S (0.20)	As (0.01)	Cu (0.01)	Ni (0.02)	Au (0.04)	总含量/%	区域
LNG3-11-2-4-02	45.60	51.98	0.06	0.05	0.02	b.d.	97.71	1
LNG3-12-1-1-01	46.56	53.32	b.d.	b.d.	b.d.	0.12	100.00	1
LNG3-12-1-1-02	46.70	53.49	b.d.	0.01	b.d.	0.04	100.24	1
LNG3-1-1-1-03	46.53	51.48	2.77	0.04	0.02	b.d.	100.84	2
LNG3-1-1-1-04	45.63	49.22	6.00	0.04	b.d.	b.d.	100.90	2
LNG3-1-1-1-05	45.11	47.98	7.93	0.13	b.d.	0.08	101.23	2
LNG3-1-1-1-06	45.87	50.15	5.08	0.19	0.02	b.d.	101.32	2
LNG3-1-1-2-01	44.97	48.60	5.88	0.08	b.d.	b.d.	99.54	2
LNG3-1-1-2-02	44.81	48.73	6.04	0.21	b.d.	b.d.	99.79	2
LNG3-1-1-3-03	44.32	46.53	8.20	0.14	b.d.	b.d.	99.20	2
LNG3-9-2-1-03	44.59	48.87	6.50	0.02	b.d.	b.d.	99.98	2
LNG3-9-2-2-03	46.16	51.05	3.64	0.07	b.d.	b.d.	100.93	2
LNG3-11-2-2-02	45.05	50.51	4.62	0.09	b.d.	b.d.	100.29	2
LNG3-1-1-1-07	46.02	50.60	2.65	0.10	b.d.	0.17	99.55	3a
LNG3-1-1-1-08	46.02	51.10	1.91	0.03	b.d.	0.04	99.09	3a
LNG3-1-1-1-09	46.68	51.92	1.50	0.05	b.d.	b.d.	100.15	3a
LNG3-1-1-1-10	46.40	52.50	1.20	b.d.	b.d.	b.d.	100.10	3a
LNG3-1-1-2-03	45.60	49.19	6.52	0.21	b.d.	0.04	101.57	3a
LNG3-1-1-2-04	45.42	49.52	5.00	0.20	b.d.	0.15	100.29	3a
LNG3-1-1-2-05	46.26	51.15	3.40	0.15	0.02	0.14	101.12	3a
LNG3-1-1-3-04	44.91	48.25	4.51	0.15	b.d.	0.05	97.88	3a
LNG3-1-1-3-05	45.21	49.68	2.89	0.04	b.d.	0.05	97.87	3a
LNG3-9-2-1-04	44.80	50.17	3.16	0.11	b.d.	0.14	98.38	3a
LNG3-9-2-2-04	46.15	52.08	2.19	0.09	0.03	b.d.	100.55	3a
LNG3-11-2-1-03	44.47	49.77	4.67	0.05	b.d.	0.28	99.24	3a
LNG3-11-2-1-04	44.87	50.26	4.50	0.13	b.d.	0.15	99.91	3a
LNG3-11-2-1-05	46.14	51.63	2.49	0.06	b.d.	b.d.	100.32	3a

续表 5-3

样品编号	Fe (0.30)	S (0.20)	As (0.01)	Cu (0.01)	Ni (0.02)	Au (0.04)	总含量/%	区域
LNG3-11-2-1-06	46.10	51.43	2.35	0.06	b.d.	0.05	99.99	3a
LNG3-11-2-1-07	45.28	51.09	4.06	0.04	b.d.	b.d.	100.47	3a
LNG3-11-2-2-03	45.00	50.89	2.62	b.d.	b.d.	0.16	98.69	3a
LNG3-11-2-2-04	44.92	50.58	3.74	0.11	0.03	0.12	99.49	3a
LNG3-11-2-2-05	44.74	50.42	3.76	0.07	0.02	b.d.	99.02	3a
LNG3-11-2-4-03	45.15	50.87	4.10	0.07	b.d.	0.14	100.33	3a
LNG3-11-2-4-04	45.83	52.23	2.37	0.06	b.d.	0.17	100.67	3a
LNG3-12-1-1-03	45.30	50.44	4.00	0.04	0.03	b.d.	99.80	3a
LNG3-12-1-1-04	45.18	50.21	3.74	0.14	0.04	b.d.	99.31	3a
LNG3-12-1-1-05	45.14	49.89	4.38	0.07	b.d.	b.d.	99.48	3a
LNG3-12-1-1-06	45.73	50.18	4.87	0.14	b.d.	b.d.	100.92	3a
LNG3-1-1-1-11	45.75	49.92	4.91	0.12	b.d.	b.d.	100.71	3b
LNG3-1-1-2-06	46.41	51.74	2.05	0.07	b.d.	b.d.	100.27	3b
LNG3-1-1-2-07	46.17	51.57	3.30	0.01	b.d.	0.21	101.27	3b
LNG3-1-1-3-07	44.88	48.88	4.35	0.07	b.d.	b.d.	98.20	3b
LNG3-9-2-2-06	45.31	50.25	5.01	0.06	0.03	0.25	100.90	3b
LNG3-11-2-1-08	45.75	51.54	1.80	0.04	b.d.	0.09	99.21	3b
LNG3-11-2-1-09	45.51	52.23	1.41	0.03	b.d.	b.d.	99.18	3b
LNG3-11-2-1-10	44.89	51.60	1.90	0.08	b.d.	0.05	98.54	3b
LNG3-11-2-3-01	45.09	50.43	3.94	0.10	b.d.	0.07	99.63	3b
LNG3-11-2-3-02	44.98	50.89	3.91	0.17	0.04	b.d.	99.99	3b
LNG3-11-2-3-03	44.89	50.86	4.34	0.08	b.d.	b.d.	100.18	3b
LNG3-11-2-3-04	44.96	50.56	3.72	0.06	b.d.	0.01	99.30	3b
LNG3-11-2-4-05	44.99	50.70	3.66	0.07	b.d.	0.02	99.43	3b
LNG3-11-2-4-06	45.15	50.12	4.46	0.07	b.d.	b.d.	99.80	3b

成矿前黄铁矿(Py-1)砷含量小于0.69%，铜含量小于0.13%；成矿期含砷黄铁矿核部砷含量小于0.65%，铜含量小于0.06%，镍含量可达到

0.41%；成矿期含砷黄铁矿环带和微细粒含砷黄铁矿的砷含量为 1.31%～10.84%，铜含量可达 0.41%，镍含量则相对较低，不到 0.13%。从电子探针的结果中可以发现成矿前黄铁矿、成矿期含砷黄铁矿核部具有相似的成分，并且与环带和微细粒含砷黄铁矿之间有明显的差别。

通过对元素含量做散点图可以发现，As 与 S 有很好的负相关性，Cu 与 As 也有一定的正相关性。而 Au 与 As 的相关性则很差，大部分点 Au 的含量都低于检出限(图 5-5)。

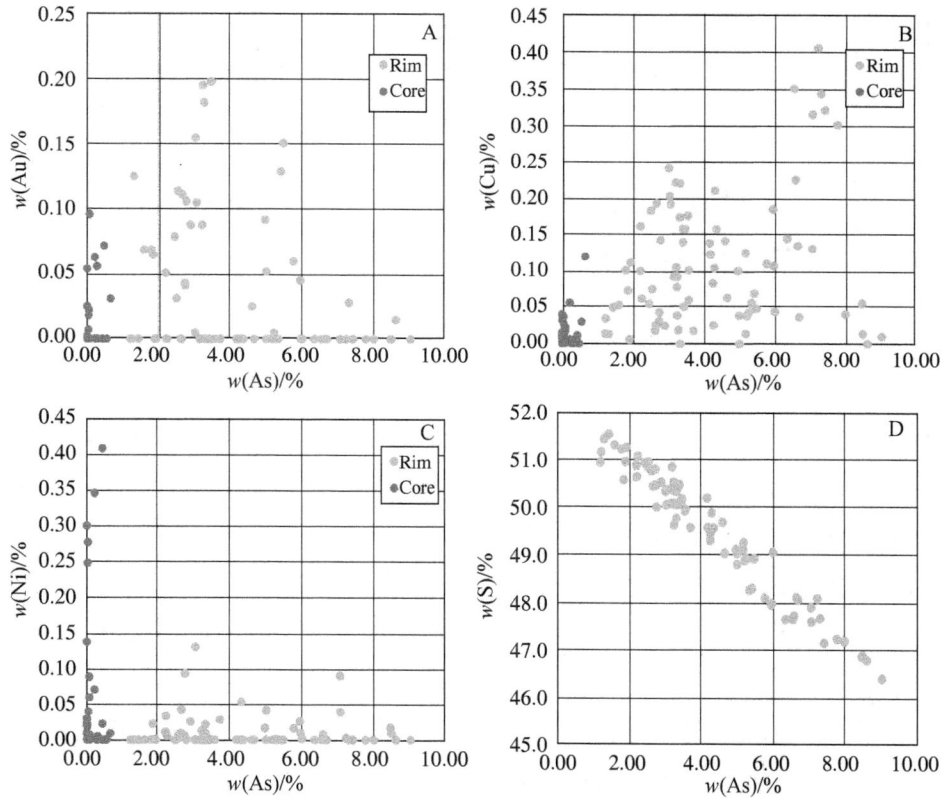

图 5-5　环带状黄铁矿核部与环带的 EPMA 分析结果二元图

0 在 NanoSIMS 分析完成之后，我们根据含砷黄铁矿中 Au 与 As 的分布将黄铁矿的形成分为 3 个阶段，电子探针数据显示，在成矿早期，沉淀的黄铁矿具有高 As 含量但 Au 含量偏低，含砷黄铁矿增生环带中的 Cu 与 As 的相关性更好(图 5-6)。

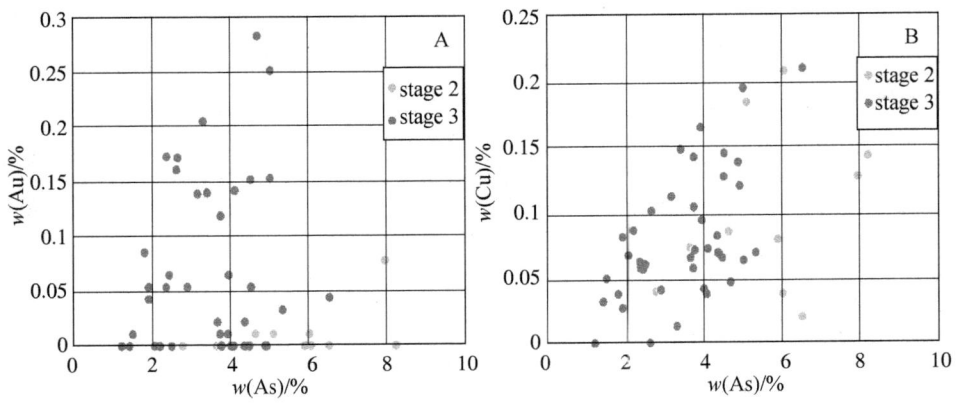

图 5-6 不同成矿阶段含砷黄铁矿环带的 EPMA 分析结果二元图

5.6 含砷黄铁矿 NanoSIMS 元素 Mapping 及原位硫同位素分析

5.6.1 分析方法

含砷黄铁矿的微量元素面扫描、线扫描及原位 S 同位素分析在中国科学院地质与地球物理研究所完成，仪器型号为 CAMECA NanoSIMS 50L。通过给样品表面喷碳来增加导电性。初始 Cs^+ 离子束流强度为 1～2 pA，束斑直径为 100 nm。进行原位 S 同位素分析时，采用了 FC-EM-EM 模式（Zhang et al.，2014）。^{32}S 采用法拉第杯计数，以避免 QSA 效应（QSA 效应为电子倍增器无法记录几乎同时到达的两个离子而造成的测量误差），^{34}S 及其他元素则采用电子倍增器计数。在 S 同位素分析过程中使用的黄铁矿国际标准样品为 Balmat、CAR-123，实验室标准样品为 PY-117 和 CS01。各标准样品的 $\delta^{34}S_{CDT}$ 推荐值见表 5-4。单点分析的积分时间为 150 s，每个周期 0.5 s，共 300 个周期。每个分析点直径为 1～2 μm。

在元素面扫描分析中，收集的二次离子为 ^{32}S、^{34}S、$^{63}Cu^{32}S$、^{75}As、^{80}Se、^{197}Au 和 $^{208}Pb^{32}S$。各元素的峰值由实验室标准样品校正，分别为黄铜矿（$^{63}Cu^{32}S$）、毒砂（^{75}As）、$FeSe_2$（^{80}Se）、金箔（^{197}Au）、方铅矿（$^{208}Pb^{32}S$）。仪器质量分辨率达到了 9 000（$M/\Delta M$），足以将 $^{32}SH_2^-$、$^{33}SH^-$ 与 $^{34}S^-$，$^{32}S_5^{2-}$、$^{32}S_2^{16}O^-$ 与 $^{80}Se^-$，

$^{54}Fe_2$ $^{57}Fe^{32}S^-$、$^{32}S_4$ $^{34}S_2H^-$ 与 $^{197}Au^-$,$^{56}Fe_2$ $^{32}S_4^-$ 与 $^{208}Pb^{32}S^-$ 等离子团的干扰区分开。由于缺乏各微量元素的黄铁矿标准样品,元素面扫描图中的颜色仅代表了该元素的相对信号强度,而无法测出其绝对含量。因此不同样品的面扫描图之间,元素含量高低无法用颜色来进行对比。面扫描图像分析区域大小为 25 μm 或 50 μm,图像分辨率分别为 256×256 或 512×512。

表 5-4 纳米离子探针 S 同位素标准样品

矿物	标样名称	$\delta^{34}S_{CDT}$ 推荐值	标准偏差(1σ)
黄铁矿	Balmat	16.4	0.20
	PY-1117	0.3	0.01
	CS01	4.6	0.04
	SRZK	3.6	0.05
黄铜矿	KKTL	0.6	0.06
	1117-cpy	−0.5	0.01
	ZBL	−7.6	0.08
磁黄铁矿	MY09	2.6	0.09
	KLTK	0.5	0.04
闪锌矿	JC_14	4.9	0.04
	MY09_12	3.1	0.06
	Balmat-sph	15.3	0.10
方铅矿	MY09-23	1.6	0.03
	KKTL_FQ	−12.1	0.09

5.6.2 分析结果

与美国内华达州的卡林型金矿类似,烂泥沟金矿的含砷黄铁矿环带也具有纳米尺度上的化学成分及同位素分带现象。采集自浅部露天采场和深部地下坑道的含砷黄铁矿样品面扫描结果见图 5-7 和图 5-8,原位 NanoSIMS 硫同位素分析结果见表 5-5。

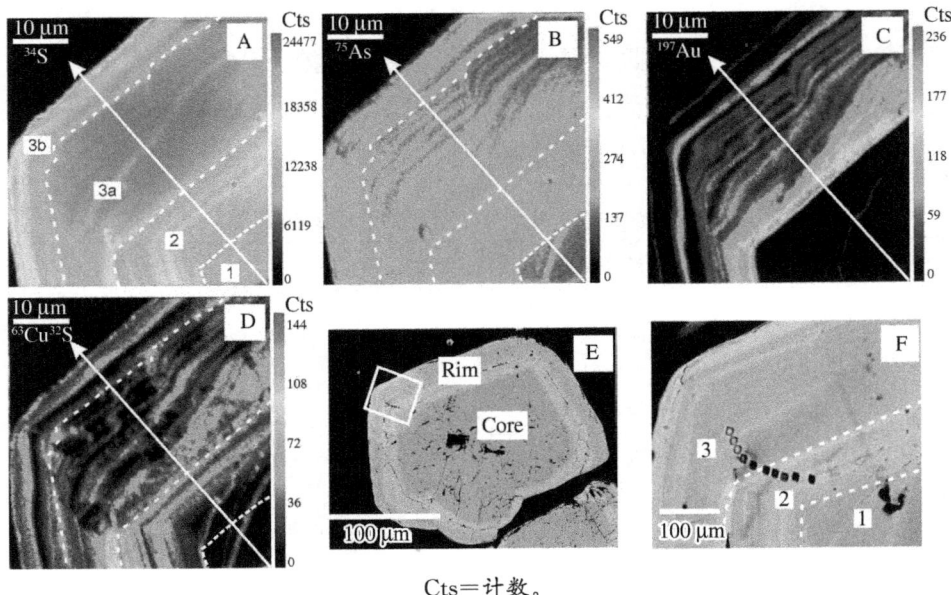

Cts=计数。

图 5-7 浅部露天采场含砷黄铁矿样品（LNG3-1-1）NanoSIMS 元素面扫描

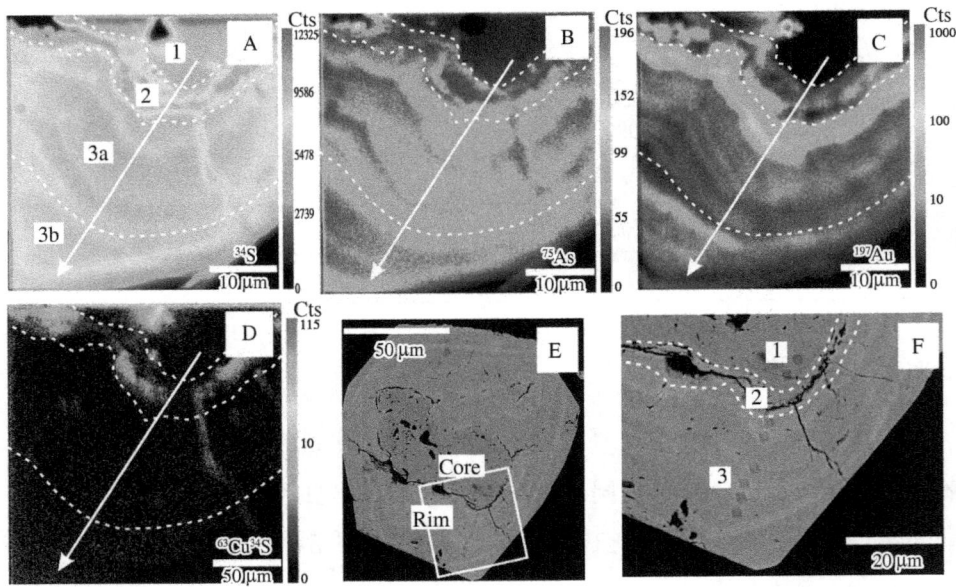

图 5-8 深部地下采场含砷黄铁矿样品（LNG3-11-2）NanoSIMS 元素面扫描

5 含砷黄铁矿原位地球化学特征

表 5-5 各阶段黄铁矿和晚期硫化物硫同位素分布范围

时间	n	矿物	$\delta^{34}S_{CDT}$ 范围/‰	平均 $\delta^{34}S_{CDT}$/‰	1SD
阶段 1	20	黄铁矿	6.1~11.5	8.3	1.8
阶段 2	14	含砷黄铁矿	1.1~7.9	3.8	2.0
阶段 3	45	含砷黄铁矿	4.9~18.1	10.7	3.6
晚期	11	晚期硫化物	10.6~13.2	11.7	0.9

根据元素面扫描中 Au 与 As 的分布特征，结合第二次电子探针分析数据，我们将黄铁矿分为 3 个主要阶段。第一个阶段（stage 1）的黄铁矿为成矿前形成，以低 As（<0.65%）低 Au 或无 Au 为特征，包括了前文所述的 Py-1 和 Py-2 的核部。黄铁矿增生环带分为两个阶段，成矿早期阶段（stage 2）形成了增生环带内侧，其特征是 As 含量较高（最高达 8.2%），但 Au 含量仍然很低或无 Au；主成矿阶段（stage 3）形成了增生环带的外侧，代表了 Au 沉淀的整个过程，其特征为同时具有较高的 As（1.38%~7.88%）和 Au（最高 0.28%）含量。

通过对 6 个样品中共 11 颗含砷黄铁矿进行了 NanoSIMS 原位 S 同位素分析，我们发现了含砷黄铁矿中 S 同位素变化范围较大，分析结果见表 5-5 和表 5-6。从 stage 1 到 stage 3，黄铁矿的 $\delta^{34}S_{CDT}$ 范围分别为 6.1‰~11.5‰，1.1‰~7.9‰，4.9‰~18.1‰，整体上从成矿阶段早期到主成矿期，S 同位素有上升趋势。从单个颗粒来看，含砷黄铁矿环带的 S 同位素也具有上升趋势（图 5-9），在一些含砷黄铁矿环带中，S 同位素变化范围较小，如 LNG3-8（4.9‰~7.9‰）和 LNG3-11（10.3‰~15.4‰）。但在另一些含砷黄铁矿环带中变化范围较大，例如 LNG3-1（2.7‰~13.9‰）和 LNG3-9（2.0‰~10.2‰）。

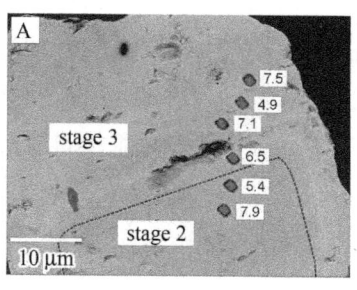
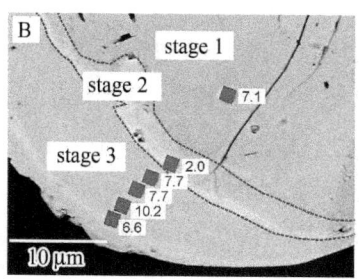

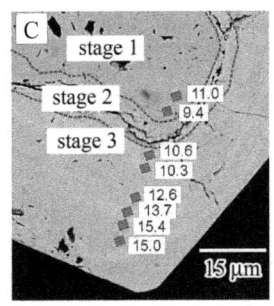 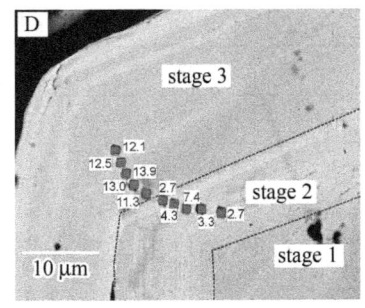

图 5-9 部分含砷黄铁矿环带 S 同位素变化

5.7 单颗粒硫化物硫同位素分析

为了同含砷黄铁矿原位硫同位素分布范围做对比,我们采用了传统单矿物分析方法对烂泥沟卡林型金矿中的晚期硫化物进行了硫同位素分析。分析的单矿物包括辉锑矿、雄黄、辰砂等。

5.7.1 分析方法

晚期硫化物单矿物硫同位素分析在中国科学院地球化学研究所环境地球化学国家重点实验室完成。仪器型号为 MAT-253 质谱仪。各单矿物在镜下挑纯后,研磨至 200 目,并称重封装到锡杯中。辉锑矿和雄黄的单个待测样品重量约为 0.22 mg,辰砂约为 0.47 mg。标准样品为 GBW04414、GBW04415 和 IAEA-S3。

5.7.2 分析结果

各硫化物的硫同位素结果见表 5-6 和表 5-7。从总体来看,晚期硫化物的 $\delta^{34}S_{CDT}$ 值为 10.6‰~13.2‰,各硫化物的硫同位素值分布很集中。雄黄为 12.2‰~13.2‰,辰砂为 10.7‰~12.0‰,辉锑矿为 10.7‰~10.8‰。用 Ohmoto 和 Rye(1979)的同位素平衡分馏公式计算辰砂和辉锑矿两矿物之间的平衡温度,得出温度为 6 ℃。由此可知,晚期的各个硫化物并非同时形成并达到同位素平衡。

表 5-6 各阶段含砷黄铁矿原位 δ^{34}S 值

样品点号	$\delta^{34}S_{CDT}$/‰	标准偏差(1σ)	阶段
3-1-1-01_mg_1	12.1	0.33	3
3-1-1-01_mg_2	12.5	0.30	3
3-1-1-01_mg_3	13.9	0.36	3
3-1-1-01_mg_4	13.0	0.41	3
3-1-1-01_mg_5	11.3	0.33	3
3-1-1-01_mg_6	2.7	0.43	2
3-1-1-01_mg_7	4.3	0.38	2
3-1-1-01_mg_8	7.4	0.41	2
3-1-1-01_mg_9	3.3	0.43	2
3-1-1-01_mg_10	2.7	0.39	2
3-1-1-02_mg_1	15.8	0.60	3
3-1-1-02_mg_2	16.5	1.04	3
3-1-1-02_mg_3	18.1	0.57	3
3-1-1-02_mg_4	17.6	0.22	3
3-1-1-02_mg_5	14.8	0.18	3
3-1-1-02_mg_6	16.0	0.58	3
3-1-1-02_mg_7	12.8	0.16	3
3-1-1-02_mg_8	11.6	0.16	3
3-1-1-03_mg_1	4.9	0.37	3
3-1-1-03_mg_2	8.4	0.31	3
3-1-1-03_mg_3	10.7	0.32	3
3-1-1-03_mg_5	1.9	0.33	2
3-1-1-03_mg_6	6.1	0.24	1
3-1-1-03_mg_7	6.8	0.36	1
3-8-1-01_mg_1	8.5	0.30	1
3-8-1-01_mg_4	6.0	0.20	1
3-8-1-01_mg_5	7.3	0.24	1
3-8-1-01_mg_6	7.4	0.25	1

续表 5-6

样品点号	$\delta^{34}S_{CDT}/‰$	标准偏差(1σ)	阶段
3-8-1-01 _ mg _ 7	6.1	0.27	1
3-8-1-02 _ mg _ 1	9.0	0.22	1
3-8-1-02 _ mg _ 2	8.9	0.27	1
3-8-1-02 _ mg _ 3	7.6	0.30	1
3-8-1-02 _ mg _ 4	6.9	0.37	3
3-8-1-02 _ mg _ 5	6.0	0.36	3
3-8-2-01 _ mg _ 1	7.5	0.34	3
3-8-2-01 _ mg _ 2	4.9	0.45	3
3-8-2-01 _ mg _ 3	7.1	0.37	3
3-8-2-01 _ mg _ 4	6.5	0.35	3
3-8-2-01 _ mg _ 5	5.4	0.31	2
3-8-2-01 _ mg _ 6	7.9	0.33	2
3-9-2-01 _ mg _ 1	9.0	0.32	3
3-9-2-02 _ mg _ 1	6.6	0.27	3
3-9-2-02 _ mg _ 2	10.2	0.29	3
3-9-2-02 _ mg _ 3	7.7	0.33	3
3-9-2-02 _ mg _ 4	7.7	0.31	3
3-9-2-02 _ mg _ 5	2.0	0.35	2
3-9-2-02 _ mg _ 6	7.1	0.25	1
3-11-2-01 _ mg _ 1	15.0	0.12	3
3-11-2-01 _ mg _ 2	15.4	0.16	3
3-11-2-01 _ mg _ 3	13.7	0.19	3
3-11-2-01 _ mg _ 4	12.6	0.18	3
3-11-2-01 _ mg _ 5	10.3	0.14	3
3-11-2-01 _ mg _ 6	10.6	0.14	3
3-11-2-01 _ mg _ 7	9.4	0.14	1
3-11-2-01 _ mg _ 8	11.0	0.16	1
3-11-2-02 _ mg _ 1	5.2	0.30	3

续表 5-6

样品点号	$\delta^{34}S_{CDT}/‰$	标准偏差(1σ)	阶段
3-11-2-02_mg_2	5.1	0.29	3
3-11-2-02_mg_3	8.5	0.34	3
3-11-2-02_mg_4	7.7	0.26	3
3-11-2-02_mg_5	6.7	0.21	1
3-11-2-03_mg_1	9.1	0.25	3
3-11-2-03_mg_2	10.4	0.35	3
3-11-2-03_mg_3	9.3	0.32	3
3-11-2-03_mg_4	10.8	0.48	3
3-11-2-04_mg_1	14.6	0.14	3
3-11-2-04_mg_2	13.9	0.16	3
3-11-2-04_mg_3	13.8	0.20	3
3-11-2-04_mg_4	12.0	0.13	3
3-11-2-04_mg_5	6.7	0.27	3
3-11-2-04_mg_6	10.6	0.14	1
3-11-2-04_mg_7	10.2	0.15	1
3-12-1-01_mg_1	3.9	0.32	2
3-12-1-01_mg_2	6.2	0.35	2
3-12-1-01_mg_3	5.8	0.38	2
3-12-1-01_mg_4	2.6	0.34	2
3-12-1-01_mg_5	1.9	0.25	2
3-12-1-01_mg_6	2.6	0.27	2
6-1-1_mg_1	10.4	0.40	1
6-1-1_mg_2	11.5	0.16	1

表 5-7 晚期硫化物 $\delta^{34}S$ 值

样品号	$\delta^{34}S_{CDT}/‰$	标准偏差	矿物
LNG-K-2	10.7	0.09	Snt
LNG-K-3-1	11.4	0.09	Cnb
LNG-K-3-2	10.6	0.01	Snt
LNG-K-4	10.8	0.01	Snt
LNG-K-5	12.5	0.07	Rlg
LNG-K-6	10.7	0.09	Cnb
LNG-K-8	13.2	0.04	Rlg
LNG-K-12	12.7	0.06	Rlg
LNG-K-13	12.5	0.04	Rlg
LNG-K-16	12.2	0.05	Rlg
LNG-K-20	12.0	0.06	Cnb

5.8 Au 在含砷黄铁矿中的存在形式

卡林型金矿中含砷黄铁矿的铁普遍认为来自含铁碳酸盐围岩,在成矿流体与围岩进行水-岩反应过程中,通过去碳酸盐化作用释放到流体,并通过硫化作用形成黄铁矿。黄铁矿中的硫以及其他微量元素如 Au、As、Cu 等主要来自成矿热液(Hofstra et al.,1991;Hu et al.,2002;Kesler,2003;Su et al.,2009a;Deditius et al.,2014)。由于分析方法在检出限或空间分辨率上的限制,含砷黄铁矿中的微量元素,尤其是 Au 的赋存状态,始终存在很多争议。主要围绕在含砷黄铁矿中的 Au 是以纳米颗粒 Au^0 包裹体为主还是以 Au^+ 存在于黄铁矿晶格中为主(Cline,2001;Emsbo et al.,2003;Zhang et al.,2003;Reich et al.,2005;Muntean et al.,2011;Su et al.,2012;Deditius et al.,2014)。

在我们两次电子探针分析中,含砷黄铁矿中 Au 与 As 都缺乏相关性。其 Au/As 原子比变化范围很大,从最高比值不到 1∶10 到最低比值接近 1∶1000,其变化范围接近两个数量级。如图 5-10 所示,大部分 Au/As 原子比数据投点落在了黄铁矿中 Au 元素的溶解线附近,并落在了纳米颗粒 Au 区域

(Deditius et al., 2014)。同时, 在 NanoSIMS 面扫描中, 我们也发现在 stage 3 中, Au 在最初的亚环带中含量很高, 且在同一亚环带中分布不均一(图 5 - 7C)。这表明 Au 进入含砷黄铁矿中的方式不同于 As 取代晶格中 S 的方式, 大多数进入含砷黄铁矿的 Au 以纳米颗粒的形式赋存。在黄铁矿 Au/As 原子比投点图 5 - 10 中, stage 2 的黄铁矿 Au/As 原子比明显低于 stage 3 阶段的含砷黄铁矿。Stage 3 黄铁矿的数据点大部分落在了纳米颗粒金的范围(图 5 - 10, 橙色区域)。

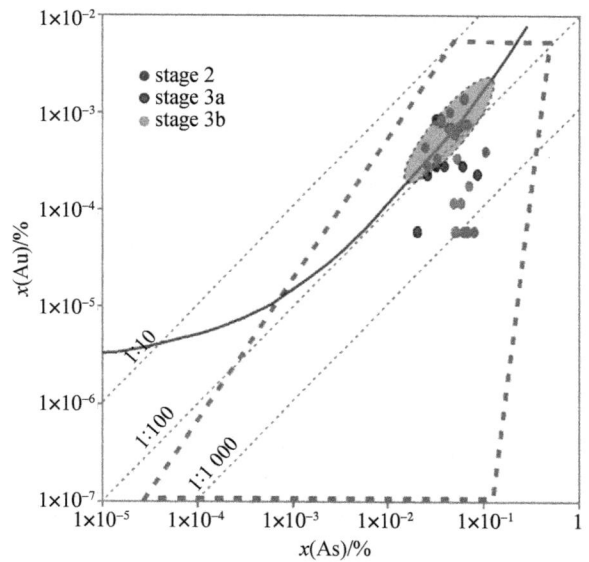

图中红色曲线代表 Au 在含砷黄铁矿中的溶解度曲线, 橙色区域的 Au 以纳米颗粒形式赋存于黄铁矿中(Deditius et al., 2014)。

图 5 - 10 含砷黄铁矿环带 Au、As 原子比

5.9 影响成矿流体中 Au 沉淀过程的因素

为了更清晰地表现含砷黄铁矿环带中 Au、As、Cu 等元素在其环带形成过程中的变化过程, 我们对图 5 - 7 和图 5 - 8 中的含砷黄铁矿进行了 NanoSIMS 元素线扫描分析, 线扫描路径为上述图中的白色箭头方向, 线扫描结果见图 5 - 11。

从图 5 - 10 和图 5 - 11 中可以看出, 在 stage 2 的含砷黄铁矿中, As 含量

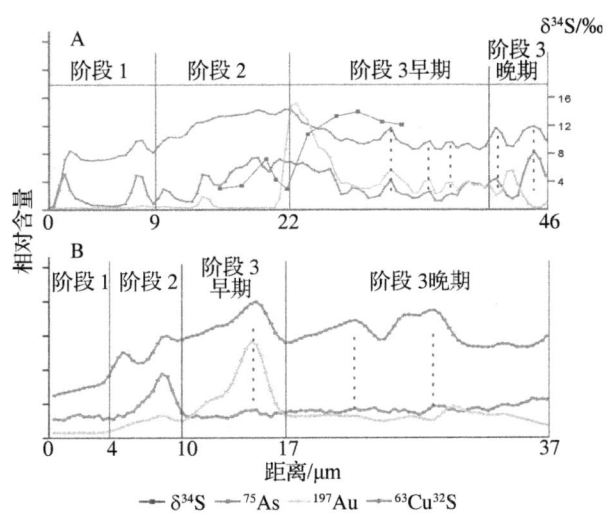

图 5-11 含砷黄铁矿环带 NanoSIMS 元素及 S 同位素线扫描图

很高但 Au 的含量很低，甚至低于 NanoSIMS 的检测限，Au/As 原子比接近 1∶1 000。该现象可能是导致前人工作中 Au 与 As 的相关性差的主要原因。导致 Au 在该阶段黄铁矿中含量极低的原因可能是由 pH 变化引起的缓冲效应 (Bowers，1991；Simon et al.，1999；Loucks et al.，1999)。该缓冲效应由以下几个含砷黄铁矿沉淀过程的化学反应式控制：

$$\frac{1}{3}H_3As_3S_6 + Au(HS)_2^- + Fe^{2+} + \frac{3}{2}H_2 = Fe(SAs) - Au(HS)^0 + 2H_2S + H^+ \tag{1}$$

$$Fe(S,As)_2 + Au(HS)_2^- = Fe(S,As)_2 - Au(HS)^0 + HS^- \tag{2}$$

与含砷黄铁矿形成同时进行的 Au 沉淀过程由以下反应式控制：

$$Au(HS)_2^- + 2H^+ = Au_{(Py)}^+ + 2H_2S \tag{3}$$

或者

$$Au(HS)_2^- + 1/2H_2 + H^+ = Au^0 + 2H_2S \tag{4}$$

在成矿早期阶段，去碳酸盐化以及 CO_2 和 H_2S 的逸出则伴随以下反应式进行：

$$CaCO_3 + 2H^+ = Ca^{2+} + H_2O + CO_2 \tag{5}$$

$$H^+ + HCO_3^- = H_2O + CO_2 \tag{6}$$

$$H^+ + HS^- = H_2S \tag{7}$$

在成矿早期阶段，普遍发生的去碳酸盐化(反应式5)作用将会消耗大量的H^+，使成矿流体的pH上升。反应式(6)(7)过程中CO_2和H_2S的逸出将会促进反应式(1)(2)向右进行，使含砷黄铁矿与Au从流体中沉淀出来。但是pH的上升既是H^+的大量丢失，则会使反应式(3)(4)向左进行，促使Au溶解于流体之中，增加了Au在流体中的溶解度，限制了Au随含砷黄铁矿共同沉淀。

Palenik等人在2004年时提出，导致Au从成矿流体中大量沉淀出来的主要原因是黄铁矿形成过程中的动力学作用，而不是Au在流体和黄铁矿两相中元素平衡分配。基于前人对卡林型金矿中黄铁矿矿物学特征的研究，如富金纳米环带、Au在黄铁矿中无系统分布特征等，Deditius等(2014)认为，黄铁矿形成过程中，矿物表面动力学，尤其是表面Fe缺陷引起的吸附作用，是导致Au和其他微量元素沉淀的主要原因。

然而在我们的研究中，含砷黄铁矿的NanoSIMS面扫描和线扫描在纳米尺度上揭示出了Au在黄铁矿中的分布特征。如元素面扫描图(图5-7)和线扫描图(图5-11)所示，在含砷黄铁矿环带stage 3a中有一条Au含量最高的亚环带，以及多条Au韵律环带。与Au的分布特征类似，As和Cu元素在整个含砷黄铁矿环带中也具有多条韵律环带。这些元素的韵律环带分布特征表明，在含砷黄铁矿形成过程中，成矿流体体系处于一个开放的状态，其物理化学性质经历过反复的波动，而引起其波动的因素则可能是成矿流体多次注入或者"地震阀式"压力反复波动(Weatherley and Henley，2013；Peterson and Mavrogenes，2014)。

在stage 3a阶段，深部和浅部的含砷黄铁矿环带都显示出很好的Au-As含量正相关性(图5-12)。该现象表明，在该阶段中，含砷黄铁矿的结晶与Au的沉淀同时发生，可能受到了上述反应式(1)的控制。而在stage 3b中，Au与As解耦，表明该阶段的Au沉淀机制可能发生了改变，不再与As共同沉淀。然而，其具体的沉淀机制在本次研究中无法得到有效解答，可能需要对黄铁矿进行进一步实验岩石学方面的研究。

在成矿作用过程中，随着去碳酸盐化和伊利石等黏土矿物的形成，成矿流体的 pH 和氧逸度(f_{O_2})显著增加(Zhang et al.,2003;Hu et al.,2002;Su et al.,2009a)。其结果可能导致 Au 在流体中主要以 Au^{3+} 的形式存在,与高硫型浅成低温热液金矿体系中的 Au 类似(Simon et al.,1999;Deditius et al.,2008;Qian et al.,2013)。在这种条件下,Au 将会以 Au^{3+} 的形式进入黄铁矿晶格,并与 Cu^{2+} 产生竞争。该过程可能解释了本次研究中 Au-Cu 在 stage 3b 中的负相关关系(图 5-11 中虚线所示位置)。

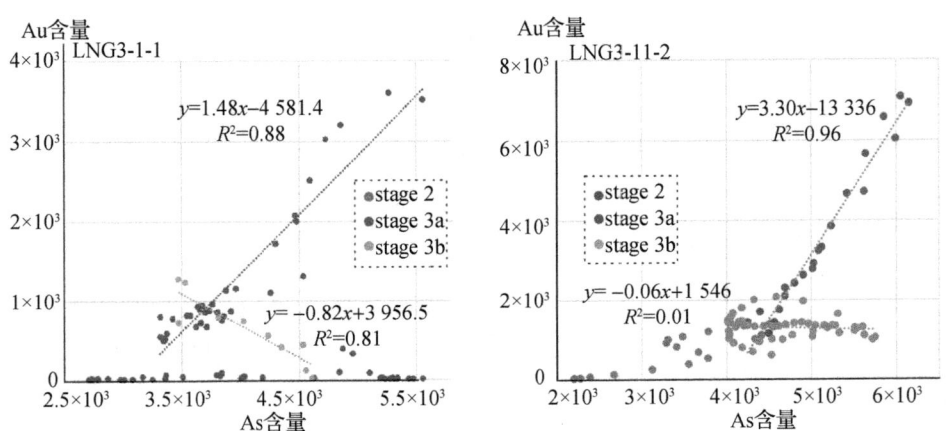

图 5-12 含砷黄铁矿环带各阶段中 Au-As 相关性
(数据点来自图 4-11 中的线扫描数据)

5.10 流体中 S 同位素影响因素

在成矿作用过程中,硫化物的 S 同位素变化可能受到多个因素影响,包括压力变化时流体沸腾引起的瑞利分馏、流体温度 pH 和氧逸度变化,水岩反应引起的 S 同位素交换和流体混合。

在成矿过程中,压力剧烈变化会导致流体减压沸腾。在减压沸腾过程中,流体中的金属元素也会因溶解度的急剧下降而沉淀形成矿床。因此该过程也被称为"闪蒸"或"断层阀",在造山型金矿成矿过程中有巨大贡献(Weatherley and Henley,2013;Peterson and Mavrogenes,2014)。流体沸腾过程同时会伴随硫同位素瑞利分馏,质量较轻的 ^{32}S 偏向进入气相,较重

的 ^{34}S 则在流体相中富集，导致流体中 δ^{34}S 上升。但是在烂泥沟卡林型金矿中，含砷黄铁矿及晚期硫化物的 S 同位素变化可能并不是由流体减压沸腾引起。从图 4-11 含砷黄铁矿环带线扫描中可以看出，As、Au、Cu 等元素含量的峰值基本对应了 δ^{34}S 变化曲线中的低值，即 As、Au、Cu 等元素从流体中沉淀至黄铁矿中时，流体中 δ^{34}S 比值在同时降低。而如果该过程中有减压沸腾作用出现，流体中的 δ^{34}S 比值应该上升，使同时形成的含砷黄铁矿环带 δ^{34}S 比值上升，但这与我们观察到的现象明显相反。同时，在前人以及本次流体包裹体研究中，也未发现有流体沸腾的证据(Hu et al., 2002；Zhang et al., 2003；Su et al., 2009a)。由流体包裹体研究数据推算，烂泥沟金矿的形成温度在 150 ℃ 到 300 ℃ 之间，形成深度为 5.5~8.9 km，对应压力约为 2.3 kbar(230 MPa)。在该温度压力条件下，流体沸腾很难发生(Zhang et al., 2003)。

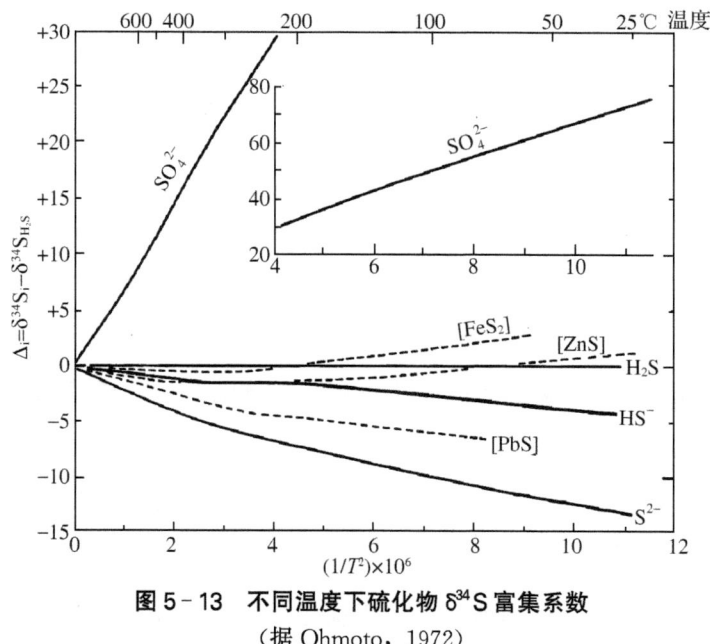

图 5-13　不同温度下硫化物 δ^{34}S 富集系数
(据 Ohmoto，1972)

Ohmoto(1972)曾使用理论计算的方法，对 Fe_2S-H_2S 流体体系中硫同位素分馏系数在不同温度下的变化(图 5-13)，以及硫化物-硫酸盐体系在不同温度下氧逸度和 pH 对硫同位素分馏的影响(图 5-14)。

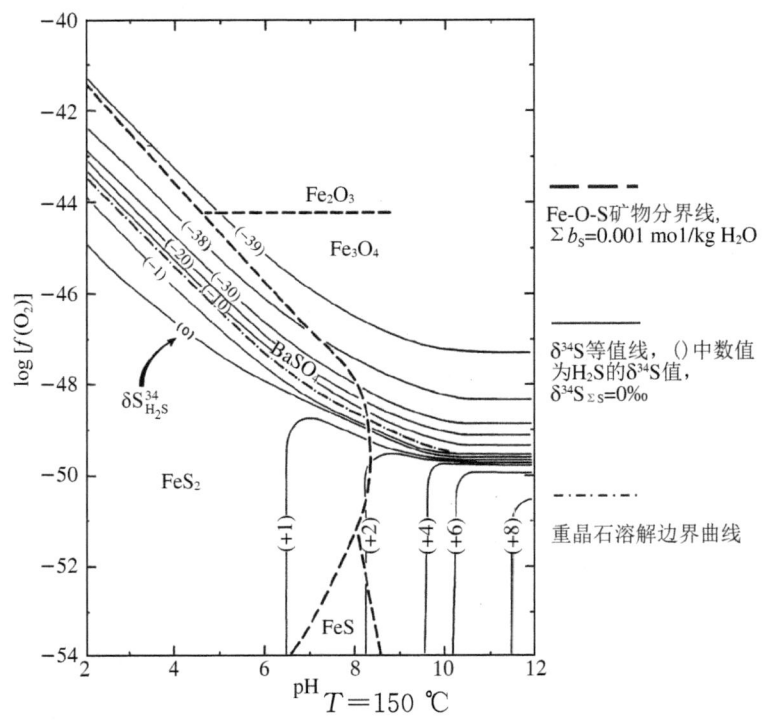

图 5-14 Fe-S-O 矿物和重晶石矿物稳定场中 $\delta^{34}S_i$ 等值线图

（据 Ohmoto，1972）

根据前人的流体包裹体研究数据，烂泥沟金矿成矿流体温度变化范围为 300℃到 150℃。从图 5-13 中可以看出，随着成矿流体温度的降低，黄铁矿相对成矿流体中的 H_2S 会逐渐富集 ^{34}S。当温度从 300℃降低到 150℃时，黄铁矿中 $\delta^{34}S$ 值可升高 2‰。同样，当有较高温度流体注入成矿体系时，黄铁矿中 $\delta^{34}S$ 则会随之降低。

从图 5-13 和图 5-14 中可以看出，当黄铁矿与重晶石稳定共生时，氧逸度和 pH 的变化将会引起黄铁矿与重晶石之间发生强烈的硫同位素分馏作用，黄铁矿的 $\delta^{34}S$ 值相对于流体会降低。当温度为 150℃，$\sum b_S = 0.001$ mol/kg H_2O 时，在黄铁矿与重晶石稳定共生区域内，黄铁矿的 $\delta^{34}S$ 的变化范围可达 30‰。当温度为 250℃时，黄铁矿的 $\delta^{34}S$ 的变化范围也可以达到 20‰。但是当只有黄铁矿单独一个矿物相时，在整个黄铁矿稳定存在的区间中 $\delta^{34}S$ 变化范围则只有 2‰。由于在前人以及本次的研究工作中，烂泥沟金矿并未发现有重晶石普遍存在以及与含砷黄铁矿稳定共生的证据。因此氧逸度和 pH 变化对含砷黄铁矿硫同位素的影响有限。

流体混合作用以及与围岩的水-岩反应会使成矿体系中流体中的硫同位素发生明显变化。一方面，不同 S 同位素特征的多个流体之间，不同比例的混合以及因流体混合引起的温度变化均会导致最终的成矿流体硫同位素值有较大波动。另一方面，水-岩反应也会使围岩中的硫化物进入成矿流体，从而改变流体的硫同位素特征。

5.11 成矿流体及硫的来源

烂泥沟金矿中与成矿相关的含砷黄铁矿增生环带 $\delta^{34}S$ 范围为 1.1‰～18.1‰(表 5-5)，围岩中沉积黄铁矿的 $\delta^{34}S$ 为 10.4‰～13.2‰(Hu et al.，2002；Zhang et al.，2003；Chen et al.，2015b)，晚期硫化物 $\delta^{34}S$ 值为 10.6‰～13.2‰。根据上文对黄铁矿阶段的划分，各阶段黄铁矿及晚期硫化物的 $\delta^{34}S$ 分布见图 5-15。

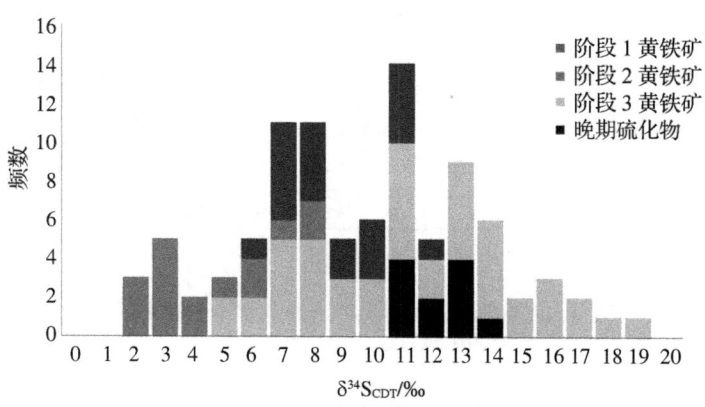

图 5-15 含砷黄铁矿各阶段及晚期硫化物 $\delta^{34}S$ 分布

含砷黄铁矿不论从整个矿床尺度的统计数据，还是从单颗黄铁矿环带来看，其硫同位素值的变化范围均较大。根据上文对影响硫同位素变化的因素的分析可以得知，能够引起含砷黄铁矿硫同位素大范围波动的因素主要是流体混合作用及围岩 S 同位素交换。

晚期硫化物 $\delta^{34}S$ 值与围岩地层中黄铁矿以及同时期三叠系海相硫酸盐接近(图 5-16)，表明围岩地层为成矿系统提供了大部分的 S。值得注意的是，含砷黄铁矿中硫同位素的最高值为 18.1‰，远超过了赋矿地层中黄铁矿的 S 同位素分布范围，也超过了同时期海相硫酸盐的分布范围。除了温度的降低会使黄铁矿中 S 同位素值略微升高以外，另一个解释则是高 $\delta^{34}S$ 端元流体的硫同位素值超过了 18.1‰。而这一流体可能是来自志留系甚至更深部位地层中与同时期海相硫酸盐发生充分硫同位素交换的深部盆地流体(图 5-16)。

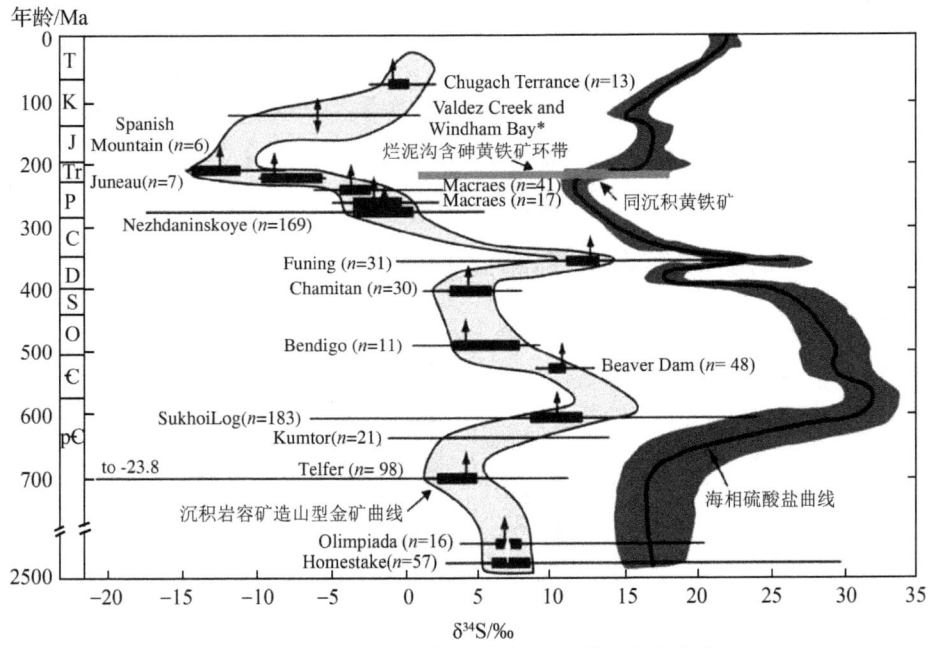

图 5-16　各地质时期海相硫酸盐 $\delta^{34}S$ 变化曲线
(据 Chang et al.，2008)

另一个流体端元的硫同位素值则较低，考虑到含砷黄铁矿中有出现 $\delta^{34}S$ 为 1.1‰ 的数据点，低值端元流体的 $\delta^{34}S$ 值应该在 0‰ 左右，具有岩浆硫的同位素组成特征。虽然在矿区及附近几乎未见到岩浆岩出露，但区域上的重力及磁异常表明该区域深部确实存在岩浆岩(刘建中等，2017)。

在图 5-11 所示的 NanoSIMS 线扫描中，Au、As、Cu 等元素在含砷黄铁矿中的分布具有多个峰值，并且在 stage 3a Au 沉淀的主要阶段，$\delta^{34}S$ 变化曲线的低值也与 Au 的峰值相对应。上述结果表明，低 $\delta^{34}S$ 端元流体为初始成矿流体，携带了 Au、As、Cu 等成矿元素，在与高 $\delta^{34}S$ 端元的深源流体混合或与围岩反应之后，还多次注入成矿流体体系之中，使流体中的成矿元素随着黄铁矿的形成而沉淀形成金矿床。

另外，矿床中普遍存在沥青等有机质，并且整个滇黔桂地区古油藏与卡林型金矿在空间位置上都有密切联系。因此在成矿过程中，与油气藏相关的油田卤水等流体可能也参与了成矿作用(Gu et al., 2012)。但是由于缺乏与之相关的同位素等数据，该流体的具体贡献无法得知。

5.12 本章小结

通过对含砷黄铁矿环带结构的详细研究，取得了如下认识：

(1) 纳米离子探针元素面扫描及线扫描表明，烂泥沟卡林型金矿的金主要以纳米颗粒 Au^0 状态赋存于含砷黄铁矿之中。控制 Au 沉淀的主要因素为去碳酸盐化过程中 CO_2、H_2S 等挥发分的逸散，流体多次混合引起的温度、pH 及氧逸度波动。其中，含金流体多次注入成矿体系则是主要原因。

(2) Stage 3b 中 Au-As 相关性由 stage 3a 中的正相关转变为负相关。该变化表明，在成矿阶段晚期，成矿流体的性质发生改变，并导致 Au 在该阶段的主要沉淀机制变化。

(3) 扫描电镜能谱线扫描揭示出的 Mg 元素随 As 环带富集，可能表明含 Mg 矿物如白云石等可能也以纳米颗粒的形式存在于含砷黄铁矿环带中，并对 Au 的沉淀有一定贡献。

(4) 纳米离子探针原位硫同位素分析表明，与传统单矿物硫同位素分析的结果不同，含砷黄铁矿具有很宽的 $\delta^{34}S$ 分布范围。含砷黄铁矿环带中硫同位素逐渐上升的趋势表明，成矿流体中的 S 具有混合特征。核部黄铁矿的硫同位素值接近地层黄铁矿，表明含砷黄铁矿核部来源于地层。

(5) 根据纳米离子探针线扫描特征中 $\delta^{34}S$ 和各元素变化曲线变化特征以及原位硫同位素结果,我们认为成矿流体的两个混合端元分别为:其中一个端元为与岩浆作用相关的初始成矿流体,具有低 $\delta^{34}S$ 值(0‰左右),富 Au、As、Cu 等成矿元素;另一端元为深源盆地流体,具有高 $\delta^{34}S$ 值(超过 18‰)。

# 含金黄铁矿纳米矿物学特征及生长模式

在 NanoSIMS 分析中，我们发现了纳米尺度的元素振荡环带，为进一步摸清含金黄铁矿中金的赋存状态，以及金的沉淀富集过程，我们对含金黄铁矿环带进行了深入细致的纳米矿物学研究。

6.1 样品描述

本次研究所使用的样品为烂泥沟卡林型金矿床的高品位矿体，其金品位约为 7 g/t。含金黄铁矿与硅化作用密切相关，并具有典型的核-环结构（图 6-1A，B），并经过微米激光拉曼光谱分析，确认其矿物结构为黄铁矿（图 6-1C）。单颗粒含金黄铁矿经过碎裂之后，用扫描电镜分析其核部和环带的微-纳米尺度上的结构差异。其他分析方法所使用的样品则是抛光的光薄片。电子背散射拍照(BSE)、电子探针成分分析(EPMA)以及纳米尺度二次粒子质谱分析(NanoSIMS)的元素面扫描分析等前置分析测试方法则用于辅助挑选分析区域，进行后续的原位聚焦粒子束-透射电子显微镜(FIB-TEM)分析。

EPMA 成分分析和 BSE 背散射拍照采用日本电子 JEOL JSM7800F 场发射电子探针。纳米尺度元素面扫描采用了 CAMECA NanoSIMS 50L 型号纳米离子探针。纳米离子探针在单点 S 同位素分析状态下的粒子束剥蚀影响深度不超过 100 nm，在元素面扫描状态下剥蚀影响深度不超过 10 nm (McPhail et al., 2009)。此次用于透射电镜 TEM 分析的原位切片宽度约为 10 μm（图 6-2）。因此纳米离子探针分析对后续的 FIB 原位切片制样和透射电镜 TEM 观察不会产生影响。关于详细的仪器状态、电子探针和纳米离子探针数据，见本研究的前置研究工作（Yan et al., 2018; Zhang et al., 2014, 2017）。

先前的纳米离子探针元素面扫描表明，根据烂泥沟卡林型金矿中的含金黄铁矿的 Au 和 As 元素分布，含金黄铁矿生长可分为 3 个阶段（图 6-1）

(Yan et al.，2018)：Stage Ⅰ 阶段黄铁矿为成矿前沉积成因形成，特征为贫 As 贫 Au，主要以含金黄铁矿的核部和不含金围岩中立方黄铁矿等形式存在；Stage Ⅱ 阶段黄铁矿为围绕 Stage Ⅰ 黄铁矿生长的富 As 贫 Au 环带，该阶段黄铁矿为金矿热液矿化早期形成；Stage Ⅲ 黄铁矿为富 As 富 Au 环带，围绕 Stage Ⅱ 阶段黄铁矿生长，是 Au 的主要赋存区域，形成于金矿化的主要阶段。

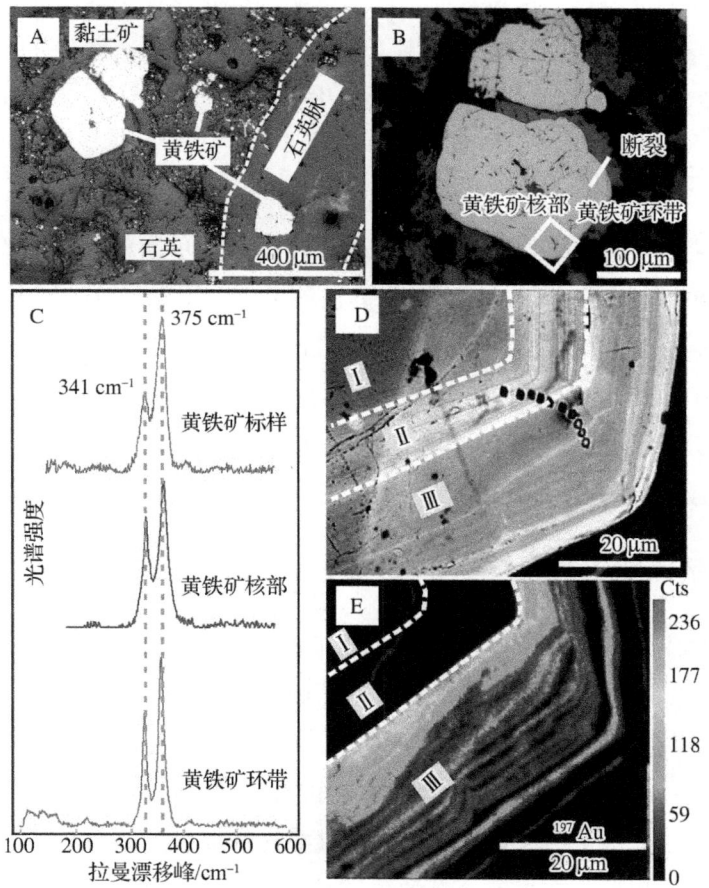

注：图 D、E 中标注的 Ⅰ、Ⅱ、Ⅲ 分别对应黄铁矿环带形成过程的阶段 1（Stage Ⅰ）、阶段 2（Stage Ⅱ）和阶段 3（Stage Ⅲ）。

图 6-1 本次研究所用含金黄铁矿的反射光照片（A、B）、激光拉曼光谱结果（C）、背散射图（D）和纳米离子探针金元素面扫描分析（E）（据 Yan et al.，2018）

6.2 样品分析方法

6.2.1 激光拉曼光谱

激光拉曼光谱主要用于确保后续用于分析测试的样品核部和环带均为黄铁矿相，分析仪器为配备了 CCD 探头的 Renishaw(RM 2000 and inVia Plus)微米激光拉曼光谱仪。实验室为中国科学院地球化学研究矿床地球化学国家重点实验室。激光波长采用 532 nm，能量为 50 mW，各谱峰积分时间为 30 s，并以硅(拉曼光谱漂移峰 520 cm^{-1})谱峰作为内标。

6.2.2 扫描电镜分析

扫描电镜观测主要使用二次电子成像技术分析单颗粒黄铁矿碎裂面的矿物结构。单颗粒含金黄铁矿碎裂后暴露出碎裂面，用导电胶带固定在铜座上，并进行喷碳处理，增加其表面导电性。二次电子成像分析采用仪器型号为日本电子 JEOL JSM7800F 扫描电子显微镜。其工作条件为加速电压 10 kV，工作距离 WD10 mm。实验在中国科学院地球化学研究所矿床地球化学国家重点实验室完成。

6.2.3 聚焦离子束原位制样

根据纳米离子探针 NanoSIMS 的金元素面扫描结果(图 6-1D、E)(Yan et al., 2018)，我们对选定的含金黄铁矿进行了原位制样用于后续的透射电镜分析。原位 TEM 薄膜制样采用了 FEI 公司双束聚焦离子束/扫描电子显微镜系统(FIB/SEM)。TEM 薄膜样品在中国科学院地球化学研究所月球与行星科学研究中心完成。FIB 制样采用了经过抛光和喷碳处理之后的光薄片。在选定好制样区域后，在选定区域原位镀铂，以对该区域样品进行保护。最终制样完成时，TEM 薄膜样品尺寸为 15 $\mu m \times 7\ \mu m \times 70$ nm。在黄铁矿 TEM 薄膜样品中通常会出现"窗棂"构造，该现象主要由制样过程中的离子束效应引起(图 6-2)。出现窗棂构造的区域，通常应避免用于投射电镜 TEM 分析。该区域可能会由于离子束效应，使黄铁矿结构玻璃化，但是这种结构上的变化很容易在透射电镜明场中被观察到，并由此避开对玻璃化区域进行

6 含金黄铁矿纳米矿物学特征及生长模式

TEM 分析。详细的制样流程及制样位置如下(Wirth，2009；图 6-2、图 6-3)：

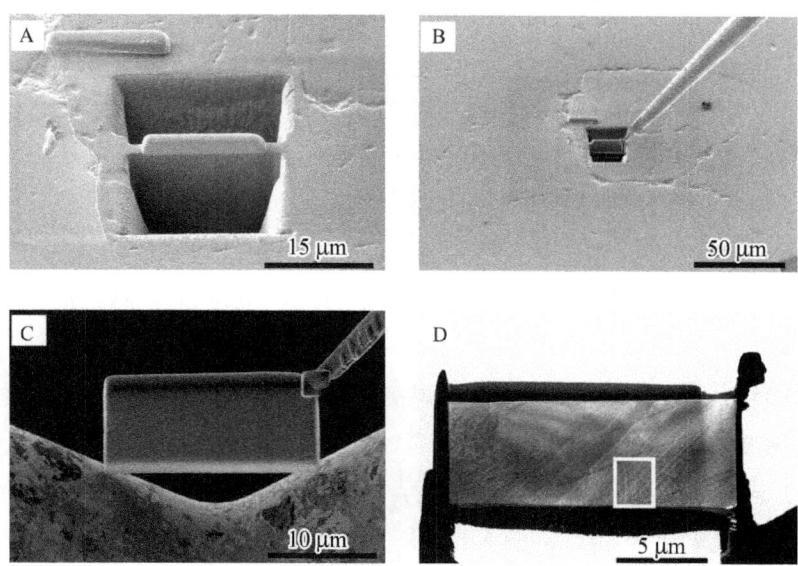

图 6-2 聚焦离子束(FIB)原位制样过程

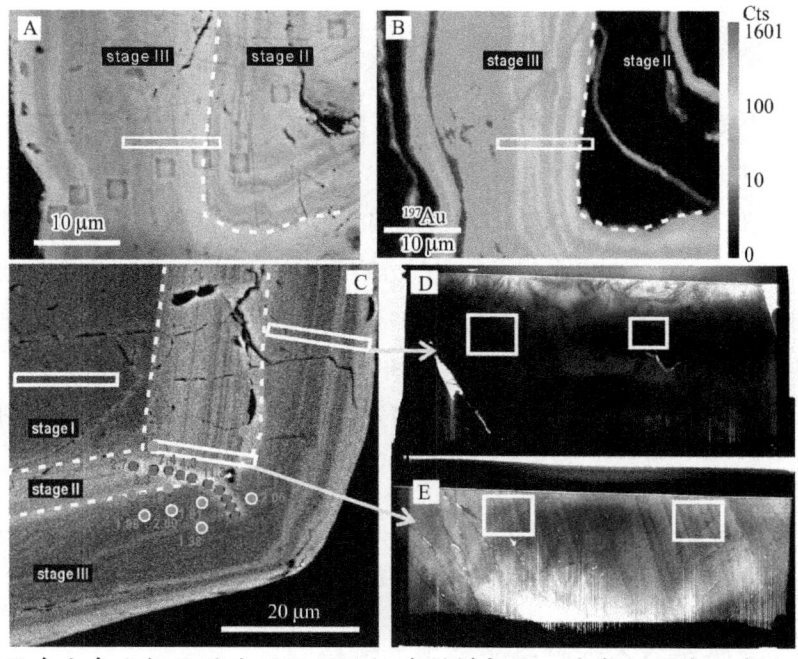

图 A、B、C 中白色方框位置为 FIB 原位切片制样部位。其中 C 图中红色点及数字为黄铁矿 NanoSIMS 单点 S 同位素值和分析点位，橙色点及数字为电子探针 As 含量分析及点位。

图 6-3 聚焦离子束(FIB)原位制样位置

(1) 定位制样区域并镀铂保护层，铂保护层的厚度约为 2 μm，观察选点过程中 Ga^+ 离子束电流为 50 pA，镀铂过程中离子束电流为 300 pA，加速电压为 30 kV。

(2) 初始挖孔过程中，粗挖时电流为 15 nA，减薄时电流为 3 nA，加速电压为 30 kV，样品保留厚度约为 1 μm(图 6-2A)。

(3) 继续减薄样品，并将样品薄板一侧剪断，电流强度为 1 nA，加速电压为 30 kV。

(4) 焊接至样品转移针上，并完全剪下样品，电流为 1 nA，加速电压为 30 kV。

(5) 将样品薄板取出，并使用铂焊接至铜网，电流为 50 pA，加速电压为 30 kV(图 6-2B、C)。

(6) 减薄样品至小于 100 nm 厚度，电流逐渐降低，从 1 nA、500 pA 至 300 pA，加速电压为 30 kV(图 6-2D)。

(7) 抛光，电流为 48 pA，电压为 5 kV；精抛光，电流为 43 pA，电压为 2 kV。

6.2.4 透射电镜分析

透射电镜分析采用了 FEI 公司场发射透射电子显微镜，型号为 Tecnai G2 F20 S-TWIN，配备了 X 射线能谱仪(EDS)。透射电镜分析工作在中国科学院地球化学研究所环境地球化学国家重点实验室完成。仪器点对点分辨率最高可达 0.24 nm，高分辨率模式下，空间分辨率可达到 0.19 nm。X 射线能谱仪 EDS 的元素检出限约为 1‰，其分析采样区域直径约为 40 nm。在 X 射线能谱仪谱峰信号中，除了 Au 的谱峰以外，还有 Fe、S、As、Cu 的谱峰。Fe、S、As 代表了含砷黄铁矿基体，Cu 的信号则主要来自承载黄铁矿薄膜样品的铜网。

6.3 样品分析结果

6.3.1 黄铁矿含金环带中的纳米金颗粒

卡林型金矿中含金黄铁矿一个非常典型的特征是具有周期性振荡成分环

带(图6-4)。这种成分环带同样在纳米尺度上存在,通过透射电镜明场像(BFTEM)和能谱(TEM-EDS)可以看到 BFTEM 中亮条纹对应了高 As 含量环带(图6-4A)。在以往的研究中,已经确认了背散射图像中明暗条纹与 As 含量具有正相关关系,而含金黄铁矿环带中的 Au 通常也与 As 成正相关。根据样品在 BFTEM 中明暗条纹与 As 含量,以及 As 含量与 Au 含量的正相关关系,我们认为样品 BFTEM 中的明暗条纹与被分析区域的平面元素面扫描中 Au 的振荡条纹具有正相关关系。因此,我们使用平面 NanoSIMS 金面扫描图来指示 TEM 薄膜样品中 Au 含量的变化(图6-4C、D)。在黄铁矿 Stage Ⅲ 含金环带中,我们选择了两个不同 Au 含量的区域,用于观测纳米金颗粒的数量以及赋存状态。

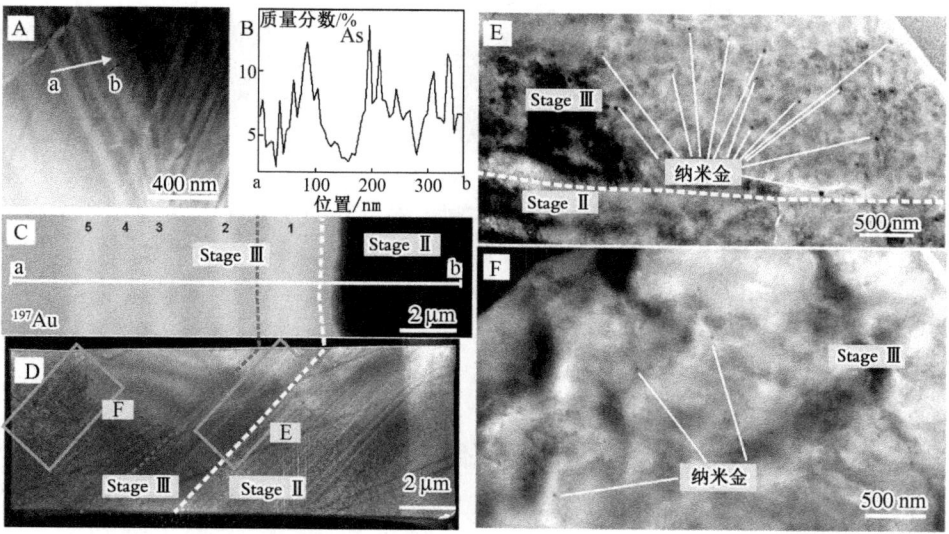

A~D:根据透射电镜明场像(BFTEM)下条纹明暗与 As 含量的正相关关系,以及 As 与 Au 的相关性,采用被分析 TEM 切片位置的平面 NanoSIMS 金元素扫描来指示 TEM 切片中不同环带中 Au 含量的变化。E、F:BFTEM 下,不同 Au 含量区域中纳米金颗粒数量具有明显差异。

图6-4 Au 含量亚环带中纳米金颗粒

在 BFTEM 模式下,我们在所选区域中发现了大量的纳米金颗粒,其直径从 10 nm 到 40 nm 不等。纳米金颗粒主要发现于含金黄铁矿 Stage Ⅲ 最早期阶段,该阶段具有最高的 Au 含量(图6-4E)。相比于该区域,在金含量相对较低的亚环带,其纳米金颗粒的数量明显较少,仅发现几颗纳米金颗粒

（图6-4F）。大多数观察到的纳米金颗粒独立分布在黄铁矿环带中，紧邻纳米黄铁矿颗粒，但与相邻纳米黄铁矿颗粒具有不同取向的晶格条纹（图6-5A）。另有少量纳米金颗粒沿着纳米位错或纳米黄铁矿晶界呈线状分布（图6-5B）。

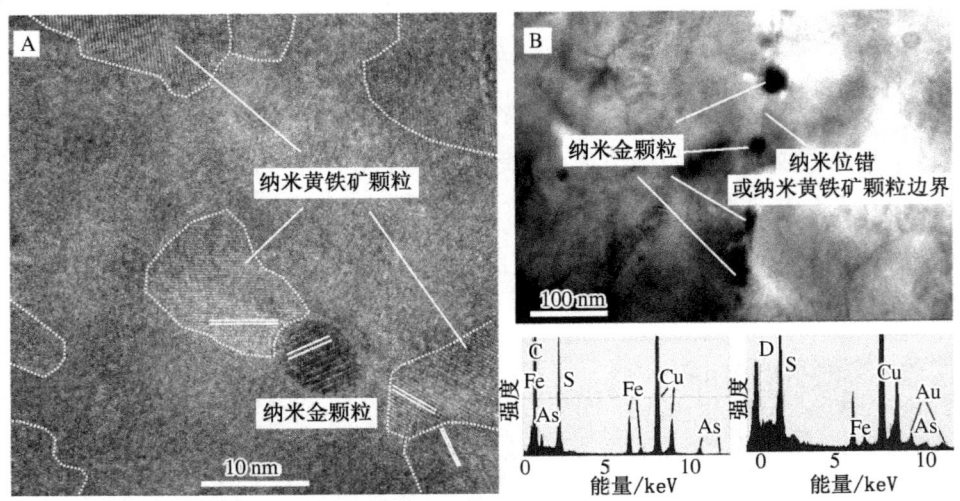

A：纳米金颗粒与纳米黄铁矿颗粒，二者具有不同取向的晶格条纹，不同纳米黄铁矿之间晶格条纹取向也不一致。在较大纳米黄铁矿颗粒之间，仍存在大量结晶颗粒更细小或未结晶黄铁矿基体。B：沿纳米位错或纳米黄铁矿颗粒晶界线性分布的纳米金颗粒。

图6-5 高分辨率模式下，含金黄铁矿环带中发现的纳米金和纳米黄铁矿颗粒

6.3.2 含砷黄铁矿的多晶特征

通过扫描电子显微镜的二次电子图像（SEI）分析，我们在单颗粒含金黄铁矿的碎裂面发现了微米-纳米级的黄铁矿颗粒（图6-6）。靠近核部的纳米黄铁矿具有四面体、不规则多面体或圆球形特征，与核部单晶黄铁矿以及在破碎过程中碎裂的具有贝壳状断口的核部碎片（图6-6B中橙色框区域）相比，具有明显的差异。黄铁矿纳米颗粒的粒径约为100~500 nm（图6-6B~D）。在破碎的黄铁矿外壳（即含砷环带）中，发现了大量具有典型的五角十二面体形状的黄铁矿微米颗粒，其粒径约为10~30 μm（图6-6E）。

在透射电镜分析观察中，TEM明场图像结合TEM-EDS中的Au信号峰是鉴别纳米金颗粒的有效手段。而选区电子衍射（SAED）图样和快速法拉第变换（FFT）图样则是评价观测区域结晶程度的基本方法（Deditius et al.，2008）。在观测单晶黄铁矿样品时，观测区域的SAED或FFT衍射图样表现为格子状

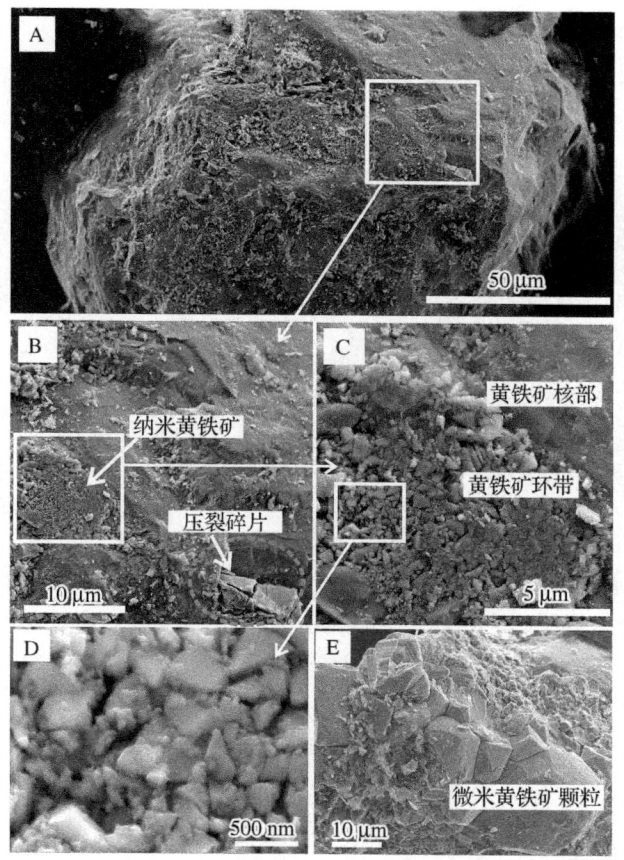

A~C：纳米黄铁矿观测区域。图B中橙色区域为单晶黄铁矿核部的碎片，具有贝壳状断口，明显区别于靠近核部的环带中的纳米黄铁矿颗粒。D：纳米黄铁矿颗粒具有四面体、不规则多面体形状，更小颗粒的纳米黄铁矿为球状。E：在含金黄铁矿碎裂外壳中发现黄铁矿微米颗粒。

图6-6 单颗粒碎裂含金黄铁矿SEI分析

点阵。但是在观测多晶黄铁矿样品时，则显示出杂乱无章的或同心圆状的衍射花纹。本次研究对含金黄铁矿从核部到环带的不同区域进行了原位TEM制样，并使用透射电镜分析了各部位的结晶程度(图6-3C~E、图6-7)。与具有单晶结构的黄铁矿核部不同(图6-7A)，黄铁矿环带的选区电子衍射图样(SAED)显示出无序特征(图6-7B~E)。在Stage Ⅲ阶段含砷黄铁矿的初始环带中，发现了更加无序的SAED图样和更多的孔隙结构(图6-7D)。而该亚环带具有最高的金含量(图6-1E)，且纳米金颗粒主要也分布于这一亚环带区域(图6-4E)。在高倍率BFTEM下，我们观察到了纳米黄铁矿颗粒具有明显的五角十二面体形状,其粒径约为 10~200 nm(图 6-7F)。不同的纳米黄铁矿之间具有不同取向的结晶条纹,纳米黄铁矿之间的基体则由很细小的纳米黄铁矿颗粒或胶状黄铁矿组成(图 6-5A)。

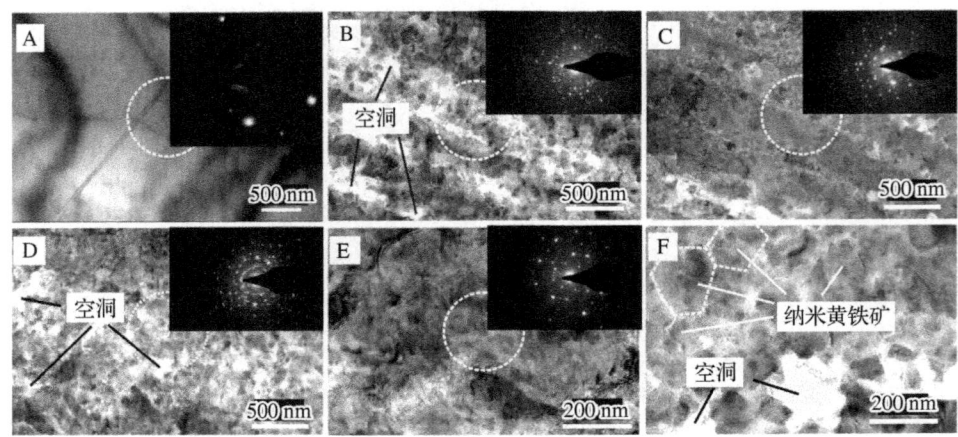

A:核部黄铁矿 BFTEM 图及 SAED 图样。B~E:含砷黄铁矿环带从内到外不同区域 BFTEM 图及 SAED 图样。F:含砷黄铁矿环带高分辨率 BFTEM 图,显示纳米黄铁矿颗粒具有五角十二面体晶型,以及纳米孔隙。

图 6-7 含金黄铁矿核部及环带各部位 BFTEM 图像,及选区电子衍射图样(SAED)

6.4 含砷黄铁矿中金的赋存状态

确定含砷黄铁矿中不可见金的赋存状态和分布规律对理解卡林型金矿中金沉淀过程至关重要(Deditius et al.,2014;Pokrovski et al.,2019)。目前被广泛接受的观点是,卡林型金矿中不可见金主要为结构 Au^+ 加上少量亚微米金颗粒(Muntean et al.,2011;Deditius et al.,2014;Palenik et al.,2004)。本次研究中纳米金颗粒在含金黄铁矿环带的分布表明,纳米金颗粒的分布较为集中,与 Au 含量的连续变化不一致。结合含砷黄铁矿环带的 NanoSIMS 金分布规律,我们认为,含砷黄铁矿环带中仍然有大量的结构金 Au^+ 或 Au^0 原子团存在。同时表明,金在成矿过程中主要以离子态或原子团的形式,从金不饱和的成矿流体中被黄铁矿吸附并共同沉淀。同较低金含量区域相比,Stage Ⅲ 初始阶段的黄铁矿环带具有最高的金含量,以及大部分的纳米金颗粒(图 6-4E)。这表明较高含量的金有利于纳米金颗粒的形成。

对于独立赋存或呈线性分布的纳米金颗粒，可能是黄铁矿在经历后期作用过程中由出溶的 Au^+ 或 Au^0 再次富集形成。其形成过程包括一种或多种机制。实验研究表明，当成矿流体中的 Au-HS 络合物被吸附到黄铁矿表面时，部分络合物中的 S^{-2} 被氧化为 S^{-1}，并与 Fe^{2+} 结合形成黄铁矿，同时将 Au^+ 还原为 Au^0（Kusebauch et al.，2019；Scaini et al.，1998）。由于含砷黄铁矿中 Au 固溶体体系溶解度有限，Au^0 将发生出溶作用，形成纳米金颗粒（Palenik et al.，2004；Reich et al.，2005）。金的纳米原子团也会形成与黄铁矿缓慢生长过程中（Fougerouse et al.，2016）。亚稳态的含砷黄铁矿重结晶也会导致纳米金颗粒的形成，因为 Au^0-Au^0 原子键比 Au^0 与黄铁矿基体之间更加稳定（Becker et al.，2001；Mikhlin et al.，2006）。以上各机制可能在含砷黄铁矿形成过程中的不同阶段单独影响金的沉淀和富集，也可能在同一阶段有多个机制共同作用，最终导致了纳米金颗粒的形成。在 Stage Ⅲ 初始阶段，大量纳米金颗粒的出溶则表明金在含砷黄铁矿中的溶解度曲线是纳米金颗粒形成的重要机制（Deditius et al.，2014）。

6.5 含砷黄铁矿环带的生长及金吸附过程

富金的含砷黄铁矿是由含 Au-HS 络合物[$Au(HS)^0$，$Au(HS)_2^-$]、As 以及 H_2S 的成矿流体与含 Fe 碳酸盐围岩反应而形成的，并占据围岩中溶解的碳酸盐矿物留下的空间（Hofstra and Cline，2000；Muntean，2018；Su et al.，2009a；Kusebauch et al.，2019）。由 SEI 和 TEM 揭示的纳米黄铁矿表明，含砷黄铁矿环带形成于快速不平衡结晶过程。纳米黄铁矿之间不同的晶格条纹和晶型表明，黄铁矿环带生长是一种附着堆积生长过程，而不是晶体的外延生长（Wu et al.，2021）。在 Stage Ⅲ 初期的黄铁矿环带中具有更加无序的结晶特征和更多的纳米孔隙，这些结构特征可能形成于更加动荡的流体环境，同时形成了更高金含量的亚环带。先前的 NanoSIMS 原位 S 同位素变化和元素面扫描中金含量的振荡环带表明，在 Stage Ⅲ 阶段初期，流体物理化学条件经历了剧烈的动荡，其原因可能为成矿流体与围岩之间的水-岩反应作用（Yan et al.，2018；图 6-1E，图 6-2C）。而纳米尺度的元素振荡环带也可能是由晶体元素扩散自组织机制形成（Wu et al.，2019）。在流体物理化条件剧烈动荡的条件下，流体中的 FeS_2 将会迅速过饱和，形成黄铁矿成核速度将超过黄铁矿生长速度，形成大量黄铁矿晶核(Wu et al.，2021；Hu et al.，2019)。而得益于晶核的尺寸大小，这些黄铁矿晶核并不会立即从流体中沉淀并脱离反应体系，相反，它们会在流体中漂浮并逐渐生长，并形成纳米黄铁矿颗粒。由于结晶学参数的影响(Tan et al.，2015)，这些纳米黄铁矿颗粒最终沉淀并优先附着于先前存在的黄铁矿核部表面，最终形成典型的核-环结构；或者纳米黄铁矿颗粒互相聚集，最终形成不含核部的含砷黄铁矿。含砷黄铁矿环带中的微米黄铁矿颗粒可能形成于后期成矿过程或成矿后的重结晶作用。

前人实验及计算模拟表明，金可以被含砷黄铁矿以 $Au(HS)^0$ 和 $Au(HS)_2^-$ 络合物的形式直接从成矿流体中吸附，并且认为卡林型金矿中黄铁矿形成过程中的动力学机制比元素平衡分馏更重要(Fleet et al.，1997；Widler and Seward，2002；Palenik et al.，2004；Xing et al.，2019)。研究表明，同纯黄铁矿相比，As 的进入以及复杂的晶型更有利于降低黄铁矿表面电负性，有利于 Au-HS 络合物的化学吸附(Deditius et al.，2008，2014；Kusebauch et al.，2019；Xian et al.，2019)。同时，与直径 100 μm 的单晶黄铁矿相比，粒径仅 10 nm 的纳米黄铁矿颗粒具有数万倍高的比表面积。含砷黄铁矿环带中的纳米孔隙，则允许环带中的纳米黄铁矿颗粒持续从成矿流体中吸附金，直到其完全脱离流体体系。

通过以上讨论我们认为，含金黄铁矿环带的形成主要由纳米黄铁矿颗粒附着堆积形成，而纳米黄铁矿中的 As 以及巨大的比表面积是纳米黄铁矿能够高效吸附金并形成超大型金矿的重要影响因素。

6.6 含金黄铁矿环带生长模式

基于以上讨论，我们提出了一个新的含金黄铁矿环带生长模型及其对金的高效吸附过程(图 6-8)。

(1) 在成矿作用开始的初始阶段，成矿流体中大量的 H^+ 被用于含铁碳酸盐矿的溶解过程，即卡林型金矿中重要的去碳酸盐化作用。其涉及的相关化学反应分别为 $H_2S \longrightarrow H^+ + HS^-$ 和 $Ca(Fe)CO_3 + 2H^+ \longrightarrow Ca(Fe)^{2+} + H_2O$

+CO_2。当 H^+ 被大量消耗时，促进了 H_2S 的分解，形成更多的 HS^-。但是，流体中 HS^- 浓度的升高，将会抑制黄铁矿通过反应过程 $Fe(S, As)_2 + Au(HS)_2^- \longrightarrow Fe(S, As)_2 \cdot Au(HS)^0 + HS^-$ 吸附金（Simon et al., 1999; Bowers, 1991）。导致在此阶段中的纳米含砷黄铁矿无法吸附金，形成了高 As 低 Au 环带（图 6-8A、B）。

（2）另一方面，当流体中的 HS^- 被持续消耗用于形成含砷黄铁矿时，HS^- 浓度逐渐下降，并有利于金的化学吸附。此时的纳米含砷黄铁矿颗粒将从成矿流体中吸附大量金。同时，这些含金的纳米黄铁矿颗粒逐步吸附到早期形成的低金高砷黄铁矿环带上，形成高金含量黄铁矿环带。这些纳米黄铁矿颗粒将持续从流体中吸附金直到其完全从流体中脱离（图 6-8C）。

（3）随着成矿过程的持续进行，成矿体系温度逐渐降低，加上成矿后纳米黄铁矿重结晶等作用，早先被纳米黄铁矿吸附的结构金将从黄铁矿基体中出溶，并聚集形成纳米金颗粒（图 6-8D）。

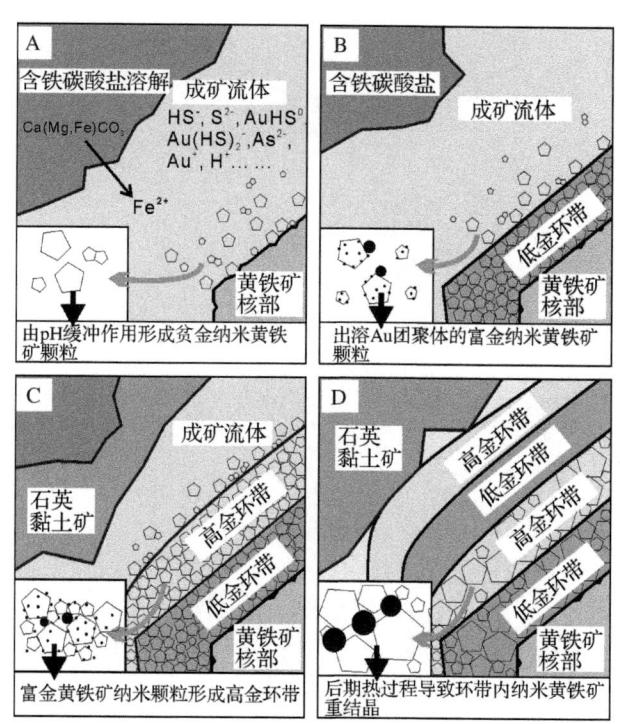

图 6-8 含金黄铁矿环带生长及金吸附过程

6.7　本章小结

（1）通过对比 NanoSIMS 元素面扫描和 FIB-TEM 分析中纳米金颗粒的分布得知，含金黄铁矿环带中金主要以固溶体结构 Au^+ 或 Au^0 形式赋存，其中部分 Au^0 在后期的黄铁矿重结晶或降温等过程中出溶，并聚集形成纳米金颗粒。

（2）通过 FIB-TEM 发现，含砷黄铁矿环带由大量纳米黄铁矿颗粒组成，表明增生环带是在过饱和条件下快速堆积聚集形成的多晶集合体，而不是平衡结晶过程形成的单晶体。而成矿过程中，在流体-围岩反应体系中，大量纳米黄铁矿的形成极其利于流体中金被黄铁矿高效吸附并沉淀，最终形成超大型金矿床。

7

矿床成因模式

7.1 "滇黔桂"地区矿床年代学研究

低温矿床的成矿年代学研究是一个普遍存在的难点问题,由于缺乏合适的定年矿物,矿床成矿年龄的准确厘定一直是一个非常困难的研究问题(Arehart et al.,2003)。而准确成矿年龄的缺乏,导致无法将华南大规模的低温成矿作用与重大地质事件联系在一起(图7-1)(Hu et al.,2017)。近年来,由于分析技术的进步和可定年矿物的发现,在低温矿床成矿年代学上取得了一些进展。

陈懋弘等(2009)采用烂泥沟金矿中石英包裹体 $^{40}Ar/^{39}Ar$ 得到的成矿年龄为(194.6±2)Ma,在2015年采用毒砂 Re-Os 法对烂泥沟、金牙和水银洞三个矿床进行研究,分别得到成矿年龄为(204±19)Ma、(206±22)Ma 和(235±33)Ma。Pi 等(2017)采用热液金红石原位 U-Pb 法和绢云母 $^{40}Ar/^{39}Ar$ 法在者桑金矿分别得到成矿年龄为(213±4.6)Ma 和(215.3±1.9)Ma,同时 Pi 对老寨湾金矿中三件样品中的热液独居石进行原位 U-Pb 定年,得到成矿年龄为(216.9±3.4)Ma、(223.9±6.9)Ma、(207.9±5.9)Ma。

Su 等(2009a、b)对水银洞金矿中的方解石进行 Sm-Nd 定年,得出年龄约为(135±3)Ma。Wang 等(2013)对紫木凼金矿中的方解石进行 Sm-Nd 定年得到的年龄为(148.4±4.8)Ma。彭建堂等(2003)对晴隆锑矿中的萤石进行 Sm-Nd 定年得到的年龄为(148±8)Ma。Wang 等(2012)对巴年锑矿中两个方解石脉的 Sm-Nd 定年得到的年龄为(126.4±2.7)Ma 和(128.2±3.2)Ma。Xiao 等(2014)在半坡锑矿中得到的方解石 Sm-Nd 年龄为(130.5±3)Ma。王加昇和温汉捷(2015)对交犁-拉峨汞矿中的方解石 Sm-Nd 定年的结果为(129±20)Ma。

从以上数据中可以看出,"滇黔桂"地区的金、锑、汞矿的成矿年龄主要分为两组,分别为130~150 Ma 和200~230 Ma(图7-1),暗示了两期的低温成矿事件(Hu et al.,2017)。金成矿可能主要是在200~230 Ma,锑、汞

7 矿床成因模式

矿成矿年龄可能主要在 130~150 Ma，并分别对应了印支期运动和燕山期运动，后一期成矿可能会叠加到前一期的成矿活动之上(Su et al.，2009a)。

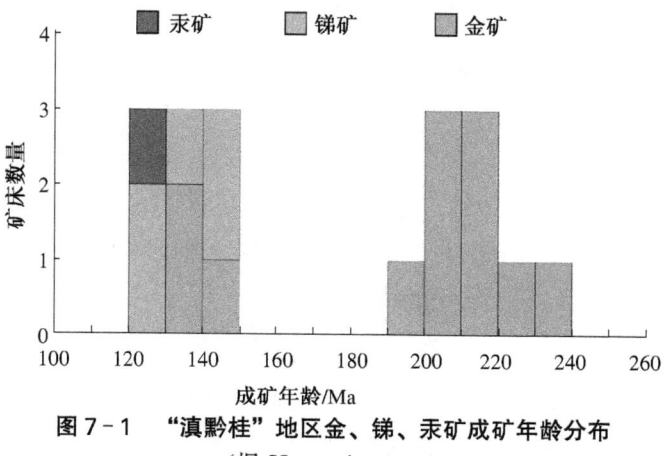

图 7-1 "滇黔桂"地区金、锑、汞矿成矿年龄分布
（据 Hu et al.，2017）

7.2 "滇黔桂"地区低温矿床成矿模式

在总结了整个华南低温成矿域中低温矿床的成矿年龄、矿床稳定同位素特征以及大地构造背景等因素之后，Hu 等(2017)提出了以印支期板块俯冲为动力背景的华南低温成矿模式。

华南地块目前认为是由华夏地块与扬子板块碰撞后拼合产生，印支期运动则被认为是导致形成目前南亚以及华南地块大地构造的主要原因。由海南岛岛弧岩浆记录的年龄显示，印支板块在 267~262 Ma 时开始向华南地块下俯冲，并在 258~243 Ma 时形成了松马构造带。该造山运动起源于古特提斯洋的进一步关闭以及随之而来的印支地块与华南地块的碰撞。华南低温成矿域中大量出现的东西向褶皱便是印支期造山运动中南北向挤压的结果。作为印支期造山运动的产物，年龄为 205~258 Ma 的过铝质花岗岩在华南地区大范围出露，且均沿着东西向断裂带分布。Zhou 等(2006)认为，早-中三叠纪的花岗岩侵入位置在同碰撞挤压带上，但中-晚三叠纪花岗岩则是形成于后碰撞或同碰撞后部伸展部位。跟与区域变质密切相关的印支期运动(258~

243 Ma)相比，中-晚三叠纪花岗岩形成时间(230～200 Ma)要明显晚于印支期造山作用，显示出由于板片后撤引起的地壳伸展作用。中-晚三叠纪花岗岩便是由于板片后撤伸展引起的减压熔融而形成(Qiu et al.，2014)。

华南低温成矿域，尤其是"滇黔桂"地区和"川滇黔"地区，位于整个华南地块的边缘，靠近松马构造带。在印支期造山运动中，印支板块向华南地块的俯冲碰撞作用引发了盆地中流体的循环，并淋滤地层中成矿元素，形成了"川滇黔"Pb-Zn矿集区。地球物理资料显示，右江盆地及湘中盆地下方存在隐伏花岗岩体。隐伏岩体的存在可能会导致大气水在地层中循环，淋滤地层元素并形成Au-Sb-Hg等低温矿床。

燕山期运动主要表现在华夏地块上大量存在的I、S、A型花岗岩。花岗岩的年龄分为三期，主要集中在158 Ma。湘中盆地中Sb矿以及右江盆地中的Hg、Sb矿成矿年龄与华南地区侏罗纪时代岩浆活动相吻合，表明燕山期的成矿作用叠加到了右江盆地和湘中盆地的成矿作用之中。

右江盆地和湘中盆地成矿年龄与华夏地块中的W-Sn成矿年龄有对应关系，因此这两个形成低温矿床的盆地下方可能存在岩浆作用形成的W-Sn矿床。

7.3 烂泥沟流体来源模式

在借鉴了上述华南低温成矿域的成矿模式基础上，结合烂泥沟金矿的稳定同位素特征，提出以流体来源为核心的成矿模式(图7-2)。

在前人的稳定同位素研究中，由于分析测试手段的限制，矿床的稳定同位素测试均表现出强烈的地层特征。因此盆地流体或地层中循环的大气水被认为是携带成矿元素的流体来源。但是在本次研究工作中，对主成矿期微细粒似碧玉状石英的O同位素以及含砷黄铁矿S同位素的详细分析表明，在烂泥沟金矿中，成矿流体表现出了强烈的混合特征，且分布范围很宽。成矿流体的S同位素超过了地层的S同位素组成，氧同位素组成也表明大气水对成矿体系的影响很微弱。O同位素和S同位素的分布均指示出一个具有岩浆水特征的成矿流体($\delta^{18}O<5‰$，$\delta^{34}S$约为0‰)。因此本次研究工作认为，在烂泥沟金矿的成矿模式里面，具有岩浆水特征的流体在成

矿过程中扮演了重要角色。

在烂泥沟金矿成矿过程中，由印支板块碰撞形成的隐伏花岗岩体产生了带有岩浆水特征的流体，岩浆流体携带成矿元素沿区域深大断裂上升，并与盆地变质流体在断裂带上部混合。两种流体的物理化学性质的差异，以及断裂带上部压力的不稳定等因素，导致流体中成矿元素沉淀形成矿床。

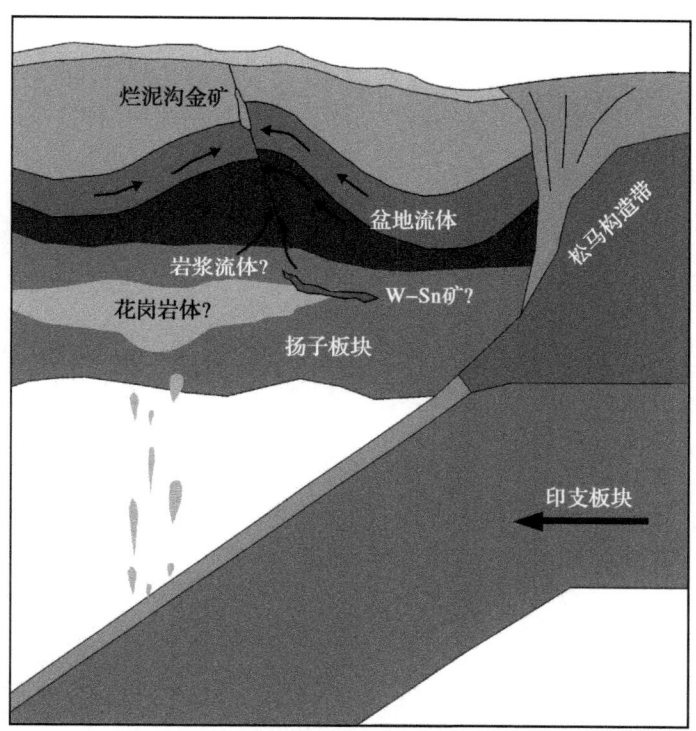

图 7-2 烂泥沟金矿成因模式示意图
（据 Hu et al., 2017）

8

结论与后续工作展望

8.1 结论

本书在对烂泥沟(锦丰)卡林型金矿床中石英和含砷黄铁矿等矿物详细矿物学研究的基础上,主要采用微区原位分析技术,较系统地研究了这些矿物不同演化阶段的元素、同位素组成特征,结合前人在区域构造演化、矿床地质特征以及成矿年代学等方面取得的研究进展,确定了该矿床成矿流体的来源、演化过程、金沉淀机制和矿床的成因模式。主要认识包括以下方面:

(1) 前人在低温矿床稳定同位素地球化学研究中,由于大多采用的是单矿物传统分析手段,研究结果通常认为成矿流体全部来源于地层或大气水。原位微区分析手段的应用,得到了单矿物不同演化阶段的精细同位素组成,发现成矿流体的稳定同位素组成在不同阶段具有系统性变化规律,明显指示成矿流体具有多来源的混合特征。因此,微区原位分析手段在未来的矿床学研究中一定能发挥更大的作用。

(2) 对石英的 SHRIMP 和 LA-ICPMS 氧同位素分析结果表明,与成矿后脉状石英(24.1‰~27.8‰)较窄的氧同位素分布范围不同,主成矿阶段的他形似碧玉状石英(12.1‰~24.8‰)具有很宽的氧同位素分布范围。该变化范围明显超过了由温度引起的石英氧同位素波动幅度。根据成矿流体温度反算出成矿流体的氧同位素分布范围为 3.21‰~16.2‰,反映出明显的流体混合(或不同程度水-岩反应)特征。而成矿后脉石英的氧同位素值较高且分布集中,可能反映出成矿期后的流体主要以较单一的盆地流体为主,不再有其他流体加入。

(3) NanoSIMS 元素面扫描分析显示,Au、As、Cu 等元素在含砷黄铁矿环带中具有周期性富集规律,反映黄铁矿形成过程中成矿流体组成具有周期性变化的特点,这可能与成矿流体周期性注入成矿体系有关。控制 Au 沉淀的主要因素为去碳酸盐化过程中 CO_2、H_2S 等挥发分的逸散、流体多次混合引起的温度变化、pH 及氧逸度波动。根据 Au 与 As 两个元素的相关性,我们将成矿过程划分为 3 个阶段，但每个阶段 Au 的沉淀机制及控制因素均有所变化。在含砷黄铁矿环带形成初期，As 大量从流体中沉淀进入黄铁矿，但 Au 由于去碳酸盐化过程中的 pH 缓冲效应，并未随 As 共同沉淀；在 Au 早期沉淀阶段，由于成矿体系温度等物理化学性质的变化，以及缓冲效应的打破，Au 开始与 As 一起大量沉淀进入含砷黄铁矿环带，此时 Au-As 含量具有正相关性；在 Au 晚期沉淀阶段，由于流体中 Au 浓度的下降，以及氧逸度、pH 的持续升高，导致 Au 在该阶段的沉淀机制再次发生变化，使该阶段形成的含砷黄铁矿环带中的 Au-As 呈现出负相关特征。

（4）NanoSIMS 原位硫同位素分析表明，与传统单矿物硫同位素分析显示的结果不同，含砷黄铁矿不同结构部位的 $\delta^{34}S$ 具有不同的变化范围，反映它们具有不同的成因。核部黄铁矿的硫同位素值接近地层黄铁矿（10‰～14‰），表明含砷黄铁矿核部的硫来源于地层；含砷黄铁矿环带的硫同位素组成从里到外具有从 0‰附近逐渐上升的趋势，表明成矿流体中的 S 具有两个端元混合的特征，其中一个端元为与岩浆作用相关的初始成矿流体，具有低 $\delta^{34}S$ 值（0‰附近）和富 Au、As、Cu 等成矿元素；另一端元为深源盆地流体，具有较高的 $\delta^{34}S$ 值（超过 18‰）。

（5）通过对比 NanoSIMS 元素面扫描和 FIB-TEM 分析中纳米金颗粒的分布得知，含金黄铁矿环带中金主要以固溶体结构 Au^+ 或 Au^0 形式赋存，其中部分 Au^0 在后期的黄铁矿重结晶或降温等过程中出溶，并聚集形成纳米金颗粒。

（6）提出了金超常富集模式：通过 FIB-TEM 发现，含砷黄铁矿环带由大量纳米黄铁矿颗粒组成，表明增生环带是在过饱和条件下快速堆积聚集形成的多晶集合体，而不是平衡结晶过程形成的单晶体。而成矿过程中，在流体-围岩反应体系中，大量纳米黄铁矿的形成极其利于流体中金被黄铁矿高效吸附并沉淀，最终形成超大型金矿床。

（7）提出了矿床的成矿模型：在烂泥沟金矿成矿过程中，由印支板块与华南板块碰撞形成的隐伏花岗岩体产生了带有岩浆水特征的流体，流体携带成矿元素沿区域深大断裂上升，并与盆地流体在断裂带上部混合。两种流体的物理化学性质的差异、水-岩反应以及断裂带上部压力不稳定等因素，导致流体中成矿元素沉淀形成矿床。

8.2 后续工作展望

本书以烂泥沟卡林型金矿为例,基于对石英和含砷黄铁矿细致的矿物学和它们的微区原位元素-同位素地球化学研究,确定了成矿流体的来源和演化过程,提出了矿床成矿模式。由于工作量的限制,部分研究内容还未深入进行,因此对以下几个方面的研究需要进一步完善:

1) 卡林型金矿成矿物质来源

由于工作量限制,对右江盆地基底地层的工作内容还未深入进行,因此需要对右江盆地周缘,尤其是南侧和西侧出露的基底地层进行详细的采样,并进行微量地球化学、同位素地球化学、矿物学等研究,有望发现更多的证据来支持前寒武基底地层为右江盆地低温热液成矿提供了物质来源这一观点。

2) 卡林型金矿与其他类型金矿的联系

具有增生环带的含砷黄铁矿是卡林型金矿的典型特征,但具有该特征的黄铁矿并非卡林型金矿所独有。从岩浆热液型金矿到造山型金矿,均可以看到具有增生环带的含金砷黄铁矿出现,这表明 Au 的成矿过程在这些不同类型的金矿中具有相似的特征。

对不同金矿类型环带增生黄铁矿中 Au、As 等元素的赋存、分布特征进行研究,将有助于探讨不同类型金矿床之间成矿过程的共同点,以及建立从岩浆热液矿床到低温热液矿床之间的相互联系。

附　　录

矿产地质勘查规范　岩金

前 言

本标准按照 GB/T 1.1—2009《标准化工作导则 第1部分：标准的结构和编写》给出的规则起草。

本标准代替 DZ/T 0205—2002《岩金矿地质勘查规范》，与 DZ/T 0205—2002 相比，除编辑性修改外，主要技术内容变化如下：
—— 修改了标准的适用范围；
—— 修改了资源储量分类、类型；将勘查阶段划分改为普查、详查、勘探三个阶段；修改了勘查目的及各勘查阶段的任务；
—— 对控制程度与勘查工作及质量要求章节先后顺序进行了调整；
—— 进一步明确了氧化带、混合带和原生带的研究程度要求；
—— 修订了矿石选冶技术性能试验研究要求；
—— 增加了各勘查阶段资源量比例的一般要求：详查阶段，控制资源量一般应不少于 50%；勘探阶段，探明资源量与控制资源量之和大于 50%，其中，探明资源量应满足矿山建设还本付息的需要；
—— 增加了小型矿床勘探及研究程度要求；
—— 将"普终"和"详终"纳入勘探阶段，作为勘探阶段的特例；
—— 对勘探阶段增加了"首采区的控制程度""边界的控制程度""构造的控制程度""小矿体的控制程度""老矿山深部和外围的控制程度""复杂矿床的控制程度"要求及"岩金矿最密的勘探工程网度"；
—— 增加了共生、伴生矿产的控制程度及岩金矿床合理的勘查深度的一般要求；
—— 修订了勘查类型的确定、勘查方法的选择、各阶段勘查工程间距的确定等内容；
—— 修改了各勘查类型对应的基本勘查工程间距；
—— 充实了勘查工作及其质量要求内容；
—— 增加了绿色勘查要求；

——修订了采样及样品加工流程的一般要求；

——修订了粗粒、巨粒金矿石的加工流程；

——修订了岩金矿一般工业指标；

——修订了矿体圈定、特高品位处理的相关要求。

本标准由中华人民共和国自然资源部提出。

本标准由全国自然资源与国土空间规划标准化技术委员会(SAC/TC 93)归口。

本标准起草单位：自然资源部矿产资源储量评审中心、中国黄金集团有限公司。

本标准起草人：汪汉雨、张北廷、刘景财、刘勇强、王兀升、张鸿禧、高利民。

本标准的历次版本发布情况为：

——DZ/T 0205—2002。

矿产地质勘查规范　岩金

1　范围

本标准规定了岩金矿地质勘查的勘查目的及勘查阶段、研究程度、控制程度、勘查工作及质量要求、可行性评价和矿产资源储量估算等。

本标准适用于岩金矿地质勘查工作及其成果评价。

2　规范性引用文件

下列文件对于本文件的应用是必不可少的。凡是注日期的引用文件，仅注日期的版本适用于本文件。凡是不注日期的引用文件，其最新版本（包括所有的修改单）适用于本文件。

GB/T 12719　矿区水文地质工程地质勘探规范

GB/T 13908　固体矿产地质勘查规范总则

GB/T 17766　固体矿产资源储量分类

GB/T 18314　全球定位系统（GPS）测量规范

GB/T 18341　地质矿产勘查测量规范

GB/T 25283　矿产资源综合勘查评价规范

DZ/T 0033　固体矿产地质勘查报告编写规范

DZ/T 0078　固体矿产勘查原始地质编录规程

DZ/T 0079　固体矿产勘查地质资料综合整理综合研究技术要求

DZ/T 0130（所有部分）　地质矿产实验室测试质量管理规范

DZ 0141　地质勘查坑探规程

DZ/T 0227　地质岩心钻探规程

DZ/T 0275（所有部分）　岩矿鉴定技术规范

DZ/T 0336　固体矿产勘查概略研究规范
DZ/T 0338(所有部分)　固体矿产资源量估算规程
DZ/T 0339　矿床工业指标论证技术要求
DZ/T 0340　矿产勘查矿石加工选冶技术性能试验研究程度要求

3　勘查目的及勘查阶段

3.1　勘查目的

地质勘查目的是发现和评价矿产资源，探求资源储量，为投资决策及矿山建设设计提供依据。

3.2　勘查阶段

3.2.1　勘查阶段划分

岩金矿地质勘查工作按 GB/T 17766、GB/T 13908 划分为普查、详查和勘探三个阶段。具体实施过程中，根据情况，勘查阶段可以调整，可按三个阶段顺序工作，也可合并或跨越阶段一次勘查完毕。

3.2.2　普查阶段

采用地质简测、物探、化探及稀疏的取样工程，寻找、追索矿化线索，发现矿床(体)，初步查明矿体特征、矿石质量特征和矿石选冶技术性能；初步了解矿床开采技术条件。开展概略研究，估算推断资源量，做出是否具有经济开发远景的评价，为是否值得进一步工作提供依据。对有价值的地段圈定详查范围。

3.2.3　详查阶段

通过大比例尺地质填图及合适的勘查手段和方法，进行系统的工程揭露和取样，基本查明矿体特征、矿石质量特征、矿石选冶技术性能和矿床开采技术条件，作为矿山总体规划及勘探工作的依据。开展概略研究，估算推断资源量和控制资源量，也可开展预可行性研究或可行性研究，估算可信储量，做出是否具有工业价值的评价。

3.2.4 勘探阶段

通过加密采样工程，详细查明勘查区地层、构造、岩浆岩、矿化及近矿围岩蚀变特征；详细查明矿体特征、矿石质量特征、矿石选冶技术性能、矿床开采技术条件，为矿山建设设计确定矿山生产规模、产品方案、开采方式、开拓方案、矿石选冶工艺，以及矿山总体布置等提供必需的地质资料。开展概略研究，估算推断、控制、探明资源量，也可开展预可行性研究或可行性研究，估算可信、证实储量。

4 研究程度

4.1 地质研究

4.1.1 普查阶段

4.1.1.1 通过比例尺为1∶10 000～1∶2 000的地质简测和有效的物探、化探、遥感、重砂等方法及数量有限的取样工程，研究地层、构造、岩浆岩、矿化蚀变等地质特征，初步查明成矿地质条件。

4.1.1.2 通过矿（化）点检查以及物探、化探异常筛选和Ⅰ级至Ⅱ级查证，研究、解释引起异常的原因，发现矿体。

4.1.1.3 初步控制主要矿体。地表有稀疏的取样工程控制，深部有工程证实，不要求系统工程网。初步确定矿体的连续性，初步查明主要矿体的数量、规模、形态、产状、分布规律及主要矿体的厚度、品位特征；初步查明氧化带的发育程度、分布范围。

4.1.1.4 通常采用一般工业指标估算推断资源量。

4.1.2 详查阶段

4.1.2.1 通过比例尺为1∶5 000～1∶1 000的地质测量，系统的取样工程，有效的物探、化探工作，基本查明地层、构造、岩浆岩、矿化蚀变等地质特征及成矿地质条件。

4.1.2.2 基本查明矿区（床）主要控矿构造的类型、性质、空间位置、数量、规模、产状、复杂程度以及对矿床（体）的控制和破坏作用。对矿体破坏较大的断层，应有一定数量的工程加以控制。

4.1.2.3 基本查明与成矿有关的岩浆岩的岩石类型、岩相分布及其与围岩的接触关系，基本查明岩体的空间位置、形态、产状、规模、侵入（喷出）时代及其与成矿的关系。对矿体破坏较大的岩体、脉岩，应有一定数量的专门工程加以控制。

4.1.2.4 基本查明与成矿作用有关的变质岩的岩性、时代、相带分布及其与成矿的关系。

4.1.2.5 基本查明围岩蚀变的种类、强度、规模、组合及其与金矿化的关系；基本确定矿床工业类型（参见附录 A）。

4.1.2.6 基本查明矿体的数量、规模、形态、产状、空间位置、内部结构；基本查明矿体的厚度、品位及其变化特征；基本确定矿体的连续性。

4.1.2.7 基本查明夹石的岩性、规模、形态、产状、分布、含矿性以及顶板、底板围岩的岩性、含矿性。

4.1.2.8 按特征矿物的氧化特征及氧化率，基本查明氧化带的发育程度、氧化特点，基本确定氧化带、混合带、原生带界线。对选冶有影响时，应分别圈定氧化带、混合带和原生带。

4.1.2.9 采用论证确定的工业指标圈定矿体，估算推断资源量和控制资源量。

4.1.3 勘探阶段

4.1.3.1 在详查阶段基本查明矿区（床）地层、构造、岩浆岩、变质岩、围岩蚀变、成矿特征的基础上，开展进一步勘查及地质研究工作，使其达到详细查明程度。

4.1.3.2 详细查明主要矿体的数量、规模、形态、产状、空间位置、内部结构；详细查明主要矿体的厚度、品位及其变化规律；确定矿体的连续性。

4.1.3.3 详细查明夹石的岩性、分布、规模、产状、形态、含矿性以及顶板、底板围岩的岩性、含矿性。

4.1.3.4 根据特征矿物的氧化特征及氧化率，详细查明氧化带的发育程度、氧化特点，准确确定氧化带、混合带、原生带界线。对选冶有影响时，应详细圈定氧化带、混合带和原生带。

4.1.3.5 采用优化论证确定的工业指标圈定矿体，估算推断、控制、探明资源量。

4.1.3.6 对小型矿床(矿床规模划分标准参见附录B),应根据实际需要,合理确定其勘探及研究程度。

4.1.3.7 对于复杂矿床,当采用(20～40 m)×(20～40 m)的工程网度⁽¹⁾最高只能估算控制资源量时,提交详查最终成果;当采用(20～40 m)×(20～40 m)的工程网度最高只能估算推断资源量时,提交普查最终成果。详终和普终作为勘探阶段的特例,其矿石质量、矿石选冶技术性能和矿床开采技术条件的研究程度均应满足矿山建设设计的要求。

4.2 矿石特征研究

4.2.1 普查阶段

4.2.1.1 初步查明矿石矿物、脉石矿物成分,化学成分,矿石品位。

4.2.1.2 初步查明矿石结构、构造,金的赋存状态及金矿物的嵌布特征。初步划分矿石类型。

4.2.1.3 初步查明共生、伴生有用组分与有益、有害组分含量及其关系。

4.2.2 详查阶段

4.2.2.1 基本查明矿石矿物和脉石矿物的种类、含量、共生组合;基本查明矿石化学成分、品位及其变化特征。

4.2.2.2 基本查明矿石的结构、构造;基本查明矿石自然类型、工业类型及其分布特征。

4.2.2.3 基本查明矿石中主要载金矿物的种类、含量、比例以及载金矿物与金矿物的关系。

4.2.2.4 基本查明金的赋存状态、嵌布特征以及金矿物粒度、形状、成色;基本查明载金矿物的物理化学特征。统计裂隙金、粒间金、晶隙金、包裹金各自的比例,粗粒、中粒、细粒金等粒级比例以及金矿物的形状比例。

---

(1) 工程网度指两个不同方向上按一定间距排列的相邻勘查工程所组成的网格的大小,一般用网格的"边长×边长"表示。(20～40 m)×(20～40 m)的工程网度基本与单个采场或开采矿块的规格对应。工程间距指单方向上相邻两个工程之间的距离。

岩金矿矿物参见附录C，金矿物的粒度及形状分类参见附录D。

4.2.2.5 基本查明共生、伴生有用组分和有益、有害组分含量及其关系。

4.2.3 勘探阶段

4.2.3.1 详细查明矿石矿物和脉石矿物的种类、含量、共生组合；详细查明矿石的化学成分、品位及其变化特征。

4.2.3.2 详细查明矿石的结构、构造；详细查明矿石自然类型、工业类型及其分布特征。

4.2.3.3 详细查明矿石中主要载金矿物的种类、含量、比例以及载金矿物与金的生成联系。

4.2.3.4 详细查明金的赋存状态、嵌布特征以及金矿物粒度、形状、成色；详细查明载金矿物的物理化学特征。统计裂隙金、粒间金、晶隙金、包裹金各自的比例，粗粒、中粒、细粒金等粒级比例以及金矿物的形状比例。

4.2.3.5 绿泥石、高岭石等泥化矿物对选冶工艺有影响的，应详细查明泥化矿物的种类、含量及分布范围。

4.2.3.6 详细查明共生、伴生有用组分与有益、有害组分含量及其关系。

4.3 矿石选冶技术性能研究

4.3.1 基本要求

4.3.1.1 矿石选冶技术性能试验研究程度要求取决于不同的勘查阶段、矿石选冶难易程度及矿床规模等，应根据具体情况确定。具体可参照 DZ/T 0340 执行。

4.3.1.2 生产矿山深部与外围勘查区新发现矿体的矿石选冶技术性能试验研究，可根据矿石工艺矿物学研究成果与生产矿山相关资料的对比结果，视下列情形确定：

a) 矿石性质总体一致、能利用已有选冶设施处理矿石的，普查阶段或矿床规模小型的，可进行类比研究；矿床规模大、中型的，应采用矿山现行选冶工艺流程进行验证试验，必要时进行可选性试验研究。

b) 矿石性质不一致的，应按照不同勘查阶段要求开展相应的试验研究工作。

4.3.2 普查阶段

在矿石工艺矿物学研究基础上，初步查明矿石的选冶技术性能。对易选、较易选矿石，可以通过类比进行评价；对难选矿石、新类型矿石，应开展可选性试验，必要时应进行实验室流程试验。

4.3.3 详查阶段

在矿石工艺矿物学研究基础上，基本查明其选冶技术性能。对易选、较易选矿石应进行可选性试验，必要时进行实验室流程试验；对难选矿石或矿石性质复杂、伴生组分多、有害组分对环境影响较大的，进行实验室流程试验，必要时进行实验室扩大连续试验。

4.3.4 勘探阶段

在矿石工艺矿物学详细研究基础上，针对不同矿石类型，采集具有代表性的样品，进行选冶技术性能试验，详细查明其选冶技术性能。对易选、较易选矿石应进行实验室流程试验，必要时进行实验室扩大连续试验；对难选矿石和新类型矿石应进行实验室扩大连续试验，必要时进行半工业试验或工业试验。

4.4 矿床开采技术条件研究

4.4.1 普查阶段

4.4.1.1 在进行地质调查或地质填图的同时，应收集区域和勘查区的水文地质、工程地质、环境地质资料，调查了解勘查区内各类保护区、居民聚集区、重要基础设施等资料，初步了解开采技术条件，必要时编制相应比例尺的水文地质、工程地质、环境地质简图。

4.4.1.2 对开采条件简单的矿床，可与同类型矿山对比；对水文地质条件复杂程度中等以上的矿床，必要时开展水文地质工作，了解地下水埋藏深度、水质、水量等；对地质灾害多发的地区，注意收集崩塌、滑坡、泥石流等自然地质灾害资料。

4.4.2 详查阶段

4.4.2.1 基本查明勘查区内地表水体分布范围和丰水期、平水期、枯水期的水位、流速、流量、水质、水量、最高洪水位标高及其淹没范围；基本查明勘查区含(隔)水层、构造破碎带、风化带的水文地质特征、发育程度和分布情况，研究岩溶的发育程度、分布规律和富水性。调查老窿及采空区的分布和积水情况，提出进一步工作的建议。

4.4.2.2 基本查明勘查区地下水补给、径流、排泄条件以及地表水与地下水的水力联系；基本查明矿床主要充水因素，预测计算矿坑涌水量。基本确定水文地质勘查类型，评价水文地质条件复杂程度。调查研究可供利用的供水水源的水量、水质和利用条件，指出供水水源方向。

4.4.2.3 根据矿体围岩类型和矿石特征，划分矿床工程地质岩组，采样测试主要岩石、矿石的物理力学性质。基本查明勘查区内断层、破碎带、节理、裂隙的发育程度及分布情况，评价矿体及顶板、底板围岩的稳固性。基本查明围岩风化、蚀变程度与软岩、软弱夹层的分布情况及其对开采的影响。基本确定工程地质勘查类型，评价工程地质条件复杂程度。

4.4.2.4 对拟露天开采矿床，初步评价边坡稳定性。

4.4.2.5 调查岩石、矿石和地下水中对人体健康、生态环境有害的元素、放射性核素及其他有害气体的成分、含量及其危害程度。调查勘查区及邻区的地震、崩塌、滑坡、泥石流等地质灾害发育情况，分析评价矿床开采对本区地质环境可能产生的影响。

4.4.3 勘探阶段

4.4.3.1 详细查明勘查区地下水的补给、径流、排泄条件；详细查明矿床各含水层和隔水层的岩性、厚度、产状、分布及埋藏条件；详细查明区内含水层的富水性、导水性、渗透系数，各含水层间的水力联系，地下水的水位、水温、水量、水化学特征及其动态变化。

4.4.3.2 详细查明断层、破碎带、节理、风化裂隙带等的位置、规模、产状、充填与胶结程度、富水性、导水性及其变化，分析构造破碎带可能引起突水的地段，进一步研究岩溶的富水性、导水性；调查老窿及采空区的分布和积水情况，大致估算积水量，提出防治水建议。

4.4.3.3 详细查明对矿床开采有影响的地表水的汇水面积、分布范围、水位、流量、流速、历史上出现的最高洪水位标高、淹没范围，分析论证地表水对矿床开采的影响，提出防治水建议。

4.4.3.4 对地下开采的矿床，预测计算首采区正常涌水量和最大涌水量。需要疏干的矿山，还应计算疏干至各中段标高时，其相应的疏干降落漏斗范围内的地下水储存量。对露天开采的矿床，除计算露天采场内地下水的正常涌水量和最大涌水量外，还应按规定的暴雨频率标准计算由露天采场四周汇入采场的正常降雨汇水量和最大暴雨汇水量。确定水文地质勘查类型，评价水文地质条件复杂程度。

4.4.3.5 对矿坑水利用的可能性和方向进行评价。详细调查可供利用的供水水源的水量、水质和利用条件，指出供水水源方向。

4.4.3.6 采样测试分析矿体及顶板、底板围岩的抗压强度、抗剪强度、休止角、节理裂隙密度等，分析矿体顶板、底板围岩的稳固性。详细查明构造风化带、软弱夹层对矿床开采的影响，第四系的岩性、厚度、分布范围。对露天采场边坡稳定性做出评价。调查老窿及采空区的分布和塌陷情况。确定工程地质勘查类型，评价工程地质条件复杂程度。预测矿床开采时可能出现的主要工程地质问题，并提出防治措施建议。

4.4.3.7 详细调查勘查区内地震、崩塌、滑坡、泥石流等地质灾害的发育情况，详细查定放射性异常情况，评价其对安全生产和环境的影响。

4.4.3.8 详细调查由于矿坑排水引起的区域水位下降、井、泉干枯对当地用水的影响，评价矿床采选冶过程中废水、废气的排放，废石堆、尾矿的堆放等对环境可能造成的影响，评估诱发或加剧地质灾害的可能性及危险性，提出防治措施建议。确定地质环境质量类别。

4.4.3.9 水文地质、工程地质、环境地质工作及其质量要求，参照 GB/T 12719 执行。

4.5 综合勘查、综合评价

4.5.1 基本要求

在金矿地质勘查各个阶段，根据矿床地质特点，应有针对性地对具有工业利用价值的共生矿产和伴生矿产进行综合勘查、综合评价。具体按 GB/T

25283 执行。

4.5.2 普查阶段

大致了解共生、伴生矿产的物质组成、赋存状况及回收途径，并对共生、伴生矿产的综合开发利用可能性做出初步评价。

4.5.3 详查阶段

基本查明共生矿产、初步查明伴生矿产的地质特征、矿石质量、物质组成、赋存状态，划分共生矿产的矿石类型，进行矿石加工选冶性能试验研究，对共生、伴生矿产的综合开发利用做出评价。

4.5.4 勘探阶段

详细或基本查明共生矿产、基本查明伴生矿产的地质特征，深入进行矿石物质组成、赋存状态、矿石类型、矿石质量、矿石加工选冶性能试验研究，对共生、伴生矿产的综合开发利用做出详细评价，以满足矿山建设设计的需要。

5 控制程度

5.1 矿床勘查类型

5.1.1 矿床勘查类型划分的依据

矿床勘查类型根据矿体的规模、形态变化程度、厚度稳定程度、矿体受构造和脉岩影响程度及主要有用组分分布均匀程度划分。划分勘查类型的因素参见附录 E。

5.1.2 矿床勘查类型的划分

5.1.2.1 依据矿体规模、形态变化程度、厚度稳定程度、矿体受构造和脉岩影响程度及主要有用组分分布均匀程度五种因素，将岩金矿床划分为Ⅰ类型(简单型)、Ⅱ类型(中等型)、Ⅲ类型(复杂型)三个勘查类型。具体参见附录 E。

5.1.2.2 划分勘查类型时，一般以五种因素作为依据，但应甄别主要影响因素，当某一地质因素导致勘查难度较大时，则应以该因素作为划分勘查类型的主要依据。

5.1.2.3 划分勘查类型时,应分清主、次矿体及其空间关系,当主、次矿体在空间上平行重叠分布,且间隔较小,能用同一工程系统勘查时,应以主矿体为准;当矿体相隔较远,或分布在不同的地段,需用不同的工程系统勘查时,应以矿体为单元分别确定勘查类型。

5.1.2.4 矿体特征在不同部位或不同方向差异较大时,可分段或按不同方向分别确定勘查类型。

5.1.2.5 矿床勘查类型应随勘查进程和地质认识的不断深化而适时调整。

5.2 勘查工程间距

5.2.1 勘查工程间距确定原则

5.2.1.1 不同勘查阶段的勘查工程间距,应根据其目的、任务合理确定。

5.2.1.2 不同的矿体和同一矿体不同地段、不同方向(如:沿矿体走向和倾向)复杂程度不一致时,工程间距应适应其变化。

5.2.2 勘查工程间距的确定

5.2.2.1 普查阶段:重在找矿。按照地表有稀疏的取样工程控制,深部有工程验证,且本阶段工程能够为下阶段工作所利用的原则,确定工程间距,不要求系统的工程网。

5.2.2.2 详查阶段:要求系统的取样工程,重在评价矿床的工业意义。详查阶段初期,可类比相似矿床,或按Ⅱ勘查类型基本工程间距(控制资源量工程间距)的2~4倍确定勘查工程间距,形成系统的工程网;详查阶段后期,应利用多种方法(如:抽稀、加密误差对比分析方法、地质统计学方法、SD方法等)分析、研究矿床特征,论证确定勘查类型和合理的勘查工程间距。不同勘查类型勘查工程间距参见附录F。

5.2.2.3 勘探阶段:要求在系统的取样工程基础上,加密控制工程。可按照详查阶段后期确定的勘查类型,选择合理的勘查工程间距。勘探过程中,应根据部分地段加密工程验证结果,适时优化勘查类型、调整工程间距。

5.3 勘查方法、施工原则、控制程度

5.3.1 勘查方法

5.3.1.1 勘查工作应采用合理有效的技术方法、手段，从需要、可能、效益等多方面综合考虑，注重绿色勘查，保护生态环境，鼓励用新技术、新方法。一般地表以地质填图、探槽、剥土、浅井、浅钻为主，配合有效的物探、化探；深部以钻探为主，配合坑探验证，特殊情形以坑探为主。

5.3.1.2 槽探、剥土、浅井、浅钻等，主要用于了解和研究第四系覆盖层厚度及下伏基岩岩性，揭露近地表矿化、蚀变带、主要断裂特征和主要地质界线，控制矿体露头及矿体形态、产状和矿石质量变化，验证物探、化探、重砂异常，为布设深部工程提供地质依据。

5.3.1.3 覆盖层厚度小于 3 m 时，适用槽探、剥土；大于 3 m 时，适用浅井、浅钻。

5.3.1.4 钻探主要用于验证物探、化探异常；控制矿（化）体在深部的赋存形态、产状、厚度和有用组分的变化；研究深部矿（化）体之间及矿（化）体与地层、构造、岩浆岩的相互关系。

5.3.1.5 坑探主要用于复杂类型矿床，或用于第Ⅰ、Ⅱ勘查类型矿床验证钻探，也可用于采取特殊用途的样品。

5.3.1.6 物探、化探一般适用于普查阶段，圈定异常，预测成矿区；在详查和勘探阶段，利用井中物探和化探可为寻找盲矿体提供依据。

5.3.1.7 实践中，应针对不同的情形，采用综合勘查方法、手段，实现找矿目标和对矿体进行合理的控制。具体要求如下：

a) 普查阶段，以填图、物探、化探和山地工程为主，深部少量的钻探验证；详查、勘探阶段以钻探为主，坑探为辅。

b) 对Ⅰ、Ⅱ勘查类型矿床，一般以钻探为主，坑探验证。

c) 对Ⅲ勘查类型矿床，一般应以坑探为主，配以钻探。对管条状、树枝状、囊状等形态很复杂，或厚度极不稳定，或矿石物质组分极不均匀的复杂矿床，只能在生产阶段边采边探。

d) 对需要用坑探验证的，当坑探验证成果与钻探所获地质成果相近时，可减少坑探工程，以钻探为主配合坑探进行；因各种因素不能施工坑探工程

时，可用加密钻探工程代替。

e) 在近地表需用槽探、浅井等山地工程，但因各种原因而不能施工的，可用浅钻代替。

5.3.2 施工原则

勘查工作应按照由已知到未知、由表及里、由浅入深、由稀到密的原则。填图、物探、化探、遥感、重砂测量先行；物探、化探验证工程，沿走向或倾向的主剖面应先施工；各阶段工程布置应考虑后续勘查和开发工作的衔接；应全面地收集、利用已有的勘查、开采成果，避免重复施工。

5.3.3 控制程度

5.3.3.1 总体要求：围绕勘查工作的目的、任务，部署勘查工程，合理确定控制程度。应综合勘查、重点控制矿体的总体分布及其相互关系，视具体情况(如矿体局部与整体变化情况相差较大、小矿体是否可随主矿体顺便开采等)对局部进行适当控制。

5.3.3.2 普查阶段：地表稀疏的取样工程，深部少量的工程验证，重点在于发现矿床、控制矿床规模。提交推断资源量。

5.3.3.3 详查阶段：系统的取样工程，每条剖面一般沿倾向深部至少应有2个工程控制，基本确定矿体的连续性，重点评价矿床的工业价值。提交控制资源量和推断资源量，其中，控制资源量一般应不少于总资源量的50%。

5.3.3.4 勘探阶段：在详查阶段系统的取样工程基础上，结合矿山总体规划，选择合适地段，加密工程，重点解剖，详细控制矿体，确定矿体的连续性。提交探明资源量、控制资源量和推断资源量，其中，探明资源量与控制资源量之和一般应占总资源量的50%以上，探明资源量应满足矿山建设还本付息的需要。相关控制程度要求如下：

a) 首采区的控制程度：首采区是矿山开采初期采矿与选冶方法、工艺、流程的试验区。其控制程度应满足矿山建设设计要求，保证开采方式、开拓系统、矿石选冶流程不能发生重大变化。因此，首采区应采用加密工程系统控制，详细查明矿体、矿石特征和开采技术条件，确定矿体的连续性，主要提交探明资源量。

b) 边界的控制程度：出露地表的矿体边界，应充分利用矿体露头加强研究，视情况可采用工程加密控制；盲矿体应注意控制其顶部边界；拟地下开采的矿床，应重点控制主要矿体的两端、上下界面和延伸情况；拟露天开采的矿床，应注重系统控制矿体四周的边界和采场底部矿体的边界。

c) 构造的控制程度：破坏矿体及影响井巷开拓和开采的断层、破碎带、脉岩等，一般须用不少于3个工程对其产状和规模加以控制，以确定其对矿体的完整性的影响及破坏程度。

d) 小矿体的控制程度：小矿体不适合按勘查类型、用工程网进行勘探，应根据具体情况确定控制程度，重点在于控制其空间位置和规模。能纳入正式开采设计对象的独立小矿体，一般不应少于6个工程控制（最少3条勘探线、每条线不少于2个工程）；不能作为正式开采设计对象，而在主矿体周围能顺便开采的小矿体，可增加少量的工程控制，或边采边探；不能顺便开采的孤立小矿体，可不再增加工程。

e) 老矿山深部和外围的控制程度：老矿山深部和外围，矿体赋存规律、矿石特征、矿石选冶性能与水文地质、工程地质、环境地质等已经由实践证实，勘查工作以增加资源储量、延长矿山服务年限为主要目的。应重点控制矿体的延伸范围，提交控制资源量或推断资源量，更详细的勘查工作可在矿山生产阶段进行。

f) 复杂矿床的控制程度：复杂矿床在勘查阶段难以达到详细查明，只能在生产阶段边采边探。

g) 岩金矿最密的勘探工程网度[2]一般为(20～40 m)×(20～40 m)。当采用(20～40 m)×(20～40 m)的工程网度最高只能估算控制资源量时，提交详查最终报告，控制资源量的比例应大于或等于50%；当采用(20～40 m)×(20～40 m)的工程网度最高只能估算推断资源量时，提交普查最终报告。

5.3.3.5 共生、伴生矿产的控制程度：各勘查阶段均应对共生、伴生矿产进行综合勘查、综合评价。对资源量规模达到中型及以上的同体共生或异体共生矿产，应与主矿产统筹考虑。详查阶段一般应达到相应矿产勘查规范规定的详查工作程度要求；勘探阶段对不能分区勘查的共生矿产，遵循以金

---

[2] 地质勘查阶段能达到的查明程度是有限的，有些问题，只能到开发阶段解决。地质勘查阶段试图用过密的工程网查明复杂、极复杂的矿床，既不经济，也不合理。

矿为主的原则，应充分利用金矿勘查工程，视情况和需要进行加密控制，对能够分区勘查的共生矿产，根据需要和可能，达到该矿种的相应勘查程度要求。对资源量规模为小型的共生矿产，各阶段均按以金矿为主的原则，顺便勘查。对伴生矿产，应充分利用金矿的勘查取样工程，进行相应的评价。具体按 GB/T 25283 执行。

5.3.3.6 合理的勘查深度：现阶段通常的勘查深度为 1 000 m；内、外部条件好的，一般不超过 1 200 m；老矿山深、边部一般不超过 1 500 m。当矿体埋藏或延深较大时，应根据矿床特征，结合工业指标论证或预可行性研究、可行性研究，合理确定勘查深度。

6 勘查工作及质量要求

6.1 测量

地形测量和勘查工程测量应采用全国通用的坐标系统和国家高程系统。大比例尺地形图、地质图、勘探线剖面图、坑道平面图以及各项工程点等均应实测。

测量精度与要求按 GB/T 18341 执行，全球定位系统（GPS）测量按 GB/T 18314 执行。

6.2 地质填图

填图前应测制地质剖面图或地质、物探、化探综合剖面图，充分观察、研究与矿化有关的各种地质现象，统一岩石命名，确定填图单位、内容、要求与方法。

矿区进行大比例尺地质填图时，覆盖区内矿体的地质界线应采用槽探、井探、浅钻或其他有效的工程进行揭露。应充分利用物探、化探、遥感资料，提取尽可能多的地质信息，提高成图质量。当比例尺大于或等于 1∶2 000 时，所有地质观察点均须采用全仪器法测定准确位置；当比例尺小于 1∶2 000 时，除工程点、特殊地质点或矿体标志外，其他地质点可用手持全球卫星定位系统接收机进行米级定位测量。

地质填图的精度、质量要求，按同比例尺地质测量规范执行。

6.3 物探、化探

根据各阶段勘查工作和研究工作的实际需要，结合地形、地质和地球物理、地球化学特征，选用有效的地面及井中物探、化探方法，以期获得与矿体、各种地质体及地质构造等有关的信息，指导进一步勘查工作。

对探矿工程应进行放射性检查。

对垂向埋深大于 500 m 的矿床应进行地温测量。

各种比例尺的地球物理测量、地球化学测量，其质量应符合相应的规范要求；各项测试数据应准确、可靠。

6.4 水文地质、工程地质、环境地质

各种比例尺的水文地质、工程地质测量和环境地质调查，均应符合相应比例尺规范的要求和相应勘查阶段对水文地质、工程地质、环境地质工作的要求。水文地质、工程地质、环境地质工作及其质量按 GB/T 12719 执行。

6.5 探矿工程

6.5.1 槽探、井探及浅钻

主要用于系统揭露地表矿体、构造、重要地质界线和物探、化探异常。对控制矿体的槽探、井探及浅钻，应尽量做到垂直矿体的走向布置，并揭穿矿体顶板、底板。

6.5.2 老硐调查

重点调查老硐、旧矿坑分布范围。根据实际情况，尽可能对其进行清理、编录、采样，测定其空间位置。

6.5.3 坑探

坑探一般应布设在主矿体及首采区段，在条件适宜时，可以代替部分钻孔进行深部探矿。沿脉坑道应尽量在脉内掘进，当矿体厚度大于 2 m，或因矿体产状变化，沿脉坑道未穿透矿体顶板、底板时，应采用穿脉加以控制。其工程质量按 DZ 0141 执行。

6.5.4 钻探

钻探是控制矿体、验证物探、化探异常，探获矿产资源量的最主要手段。矿体和矿体边界线上下 3～5 m 内的岩芯、矿芯采取率应大于或等于 80%；岩芯、矿芯直径一般不小于 48 mm（坑内钻视情况确定）。每隔一定深度和矿体顶、底界线处应测顶角、方位角和丈量孔深。其他工程质量按 DZ/T 0227 执行。

6.6 岩矿鉴定

应按矿体、矿石类型和品级、近矿围岩和夹石的岩石类型，采取代表性岩矿鉴定样品，对岩石、矿石的矿物组成、结构、构造，以及岩石或矿石类型进行鉴定。样品的数量应满足研究需要。制样与鉴定按 DZ/T 0275 执行。

6.7 化学分析样品的采样、加工和分析测试

6.7.1 采样

6.7.1.1 基本分析样品：在各项探矿工程中应分别按矿体（分矿石类型）、矿化带及夹石连续取样；矿体顶、底或两侧围岩应至少各有 1 个基本分析样品控制。单样长度应以其代表的真厚度确定，原则上应与矿体最小可采厚度或最小夹石剔除厚度相匹配。采样方法与样品规格应充分考虑金的赋存状态、颗粒大小及均匀程度，以保证其代表性为原则。

槽、井、坑探工程中通常采用刻槽法取样。样槽断面规格一般为（10～5 cm）×（5～3 cm）的矩形，也可根据采样器具选择三角形，但断面面积不小于 15 cm²。矿化不均匀的，全矿床均应两壁取样，合并计算平均厚度、平均品位，不得选择性采用局部两壁采样的方法。穿脉坑道一般在一壁腰线连续取样；沿脉坑道中样品的走向间距，应视矿化变化的情况而定，一般为 4～6 m，变化不大时可放稀至 8～10 m。

薄脉型（真厚度小于 0.3 m）金矿宜采用剥层法取样。样品规格为：
长（矿体真厚度方向）×宽（矿体倾斜方向）×深（矿体走向方向）＝真厚度（m）×（0.5～1 m）×5 cm

保证采样质量。采样前应平整采样处的岩石、矿石表面，挂好围布，选

择光滑易清扫的垫布，避免样品溅飞或样槽外物质混入。样品实际重量(3)与理论重量相差不得超过10%。

钻探岩芯、矿芯宜采用1/2切(锯)芯法采样。应采用切(锯)器具沿岩芯、矿芯长轴方向切(锯)取，若岩芯、矿芯直径小(小于或等于30 mm)，则应全芯采样。对不同回次岩芯、矿芯，孔径、采取率相差较大时，应分别采样。

6.7.1.2 定性半定量全分析样品：从矿体的不同部位、分不同矿石类型(包括围岩、蚀变带)采取，可单独采样，也可利用基本分析副样。其结果可作为确定化学全分析、基本分析和组合分析项目的依据。

6.7.1.3 化学全分析样品：在定性半定量全分析基础上，按主要矿体、分矿石类型，采取有代表性的样品。每种矿石类型一般取1～2个。其结果可作为确定基本分析、组合分析项目的依据。

6.7.1.4 组合分析样品：应按矿体或块段、分矿石类型(或品级)，从一个或几个相邻探矿工程中，依样品代表的真厚度的比例，从基本分析副样中提取相应重量的样品组合成一个样品，每个组合样的重量一般不少于200 g。分析项目根据定性半定量全分析和化学全分析及岩矿鉴定结果确定。组合分析的目的主要是查明矿石中伴生有用组分与有益、有害组分含量及分布，分析结果可作为伴生矿产资源量估算的依据。

6.7.1.5 物相分析样品：为研究金矿体的自然分带及确定矿石的自然类型，选择一定数量的探矿工程，从地表至深部按一定的间距分别采样，或从相近位置上的基本分析副样中抽取。分析项目重点为标志矿物的原生态与氧化态含量。采样与分析应迅速及时，以免样品氧化。

6.7.2 样品加工

6.7.2.1 金矿样品加工，应根据金在样品中的赋存状态及其粒度分布情况，制定不同流程，并兼顾不同的分析取样量。流程中的关键是确定第一次缩分时的试样粒度，必要时，应通过试验确定。

6.7.2.2 矿石中金的粒级属于微粒、细粒时，样品加工可采用一般岩矿样品加工流程，按切乔特公式缩分：

$$Q=Kd^2 \tag{1}$$

---

(3) 人民生产、生活和贸易中，质量习惯称为重量。

式中：Q——样品最低可靠重量，单位为千克(kg)；

　　　K——根据岩矿样品特性确定的缩分系数，微、细粒金矿石 K 一般取值为 0.8；

　　　d——样品缩分后最大颗粒直径，单位为毫米(mm)。

6.7.2.3 矿石中含有粗粒金、巨粒金时，应将原矿样直接碎磨至分析需要的粒度（一般为－200 目），整个加工过程不缩分、不过筛。

6.7.2.4 样品加工前应扫净加工器械，避免因操作不当造成误差。样品加工损失率不大于 5%。

6.7.3 样品分析测试

6.7.3.1 样品分析（基本分析）测试原则上应由取得计量认证资质的单位承担。

6.7.3.2 基本分析、组合分析、物相分析的结果应分批次做内部检查分析，检查其偶然误差。内检样品由原送样单位从基本分析副样中按原分析样品总数的 10% 抽取，每批次不少于 30 件，编密码送原分析实验室进行复测。当基本分析样品总数较少时，应适当提高内检样品抽取比例；当基本分析样品总数较大（大于 2 000 件）时，内检样品抽取比例可减少至不低于 5%。

6.7.3.3 外检样品由原送样单位从内检合格的基本分析正样中按分析样品总数的 5% 抽取，最低不少于 30 件，编码送取得计量认证资质的单位测试。当基本分析样品总数较少时，应适当提高外检样品抽取比例；当基本分析样品总数较大（大于 2 000 件）时，外检样品抽取比例可减少至不低于 3%。

6.7.3.4 化学分析质量及误差处理办法按 DZ/T 0130 执行。

6.8 矿石选冶技术性能试验

样品采集应考虑矿石类型、品位、空间分布的代表性，同时应考虑配矿所需的围岩、夹石等。当矿石中有共生、伴生矿产时，应一并考虑采样的代表性，以便通过试验确定合理的回收工艺流程。样品主要组分含量应低于所代表的矿石类型的平均品位。需分采、分选的，应分矿石类型采集；能混采、混选的，则应按不同类型矿石比例采集。

矿石选冶技术性能试验的各环节应符合相应规范、规程的要求。

6.9 岩石、矿石物理技术性能测试

6.9.1 一般样品

勘查工作中,应采集、测试矿石和顶板、底板围岩的物理力学参数。测试项目一般包括:矿石的体重[4]、湿度、块度、孔隙度、松散系数、硬度、休止角,以及抗压、抗剪、抗拉强度,弹性模量、内聚力、泊松比等。采样方法、数量、质量应符合有关规范、规程的要求。

6.9.2 体重样

应按矿石类型分别采取,样品分布及数量应具有代表性。致密块状矿石一般采集小体重样,每种矿石类型不少于30件;松散和多孔隙(裂隙)矿石应采集不少于3个大体重样(体积一般不小于0.125 m^3),用于校正小体重。直接用大体重参与资源量估算时,每种矿石类型的大体重测试样品不少于5个。

小体重样品应在野外蜡封。

测定矿石体重的同时,应测定湿度、孔隙度(氧化矿石)和影响体重的主要元素的含量。

6.10 原始编录、综合整理和报告编写

6.10.1 原始编录及综合整理

原始编录应在现场及时完成,客观、准确、全面记录第一手地质资料。各项原始编录资料应及时进行质量检查验收和综合整理。各个工作项目结束后,应及时提交原始和综合资料,做到图件清晰、文字简练、文图相符。工作质量按 DZ/T 0078、DZ/T 0079 执行。

6.10.2 报告编写

报告编写参照 DZ/T 0033 执行。

---

[4] 亦称为体积质量。

7 可行性评价

7.1 基本要求

7.1.1 在普查、详查和勘探各阶段，均应进行可行性评价工作，并与勘查工作同步进行，动态深化，以使矿产勘查工作与下一步勘查或矿山建设紧密衔接，减少矿产勘查、矿山开发的投资风险，提高矿产勘查开发的经济、社会效益。

7.1.2 可行性评价根据研究深度由浅到深划分为概略研究、预可行性研究和可行性研究三个阶段。概略研究可由勘查单位完成；预可行性研究和可行性研究应由具有相应能力的单位完成。

7.1.3 可行性评价应视研究深度的需要，综合考虑地质、采矿、选冶、基础设施、经济、市场、法律、环境、社区和政策等因素，分析研究矿山建设的可能性（投资机会）、可行性，并做出是否宜由较低勘查阶段转入较高勘查阶段、矿山开发是否可行的结论。

7.2 概略研究

7.2.1 通过了解分析项目的地质、采矿、选冶、基础设施、经济、市场、法律、环境、社区和政策等因素，对项目的技术可行性和经济合理性的简略研究，做出矿床开发是否可能、是否转入下一勘查阶段工作的结论。

7.2.2 概略研究可以在各勘查工作程度的基础上进行，具体按 DZ/T 0336 执行。

7.3 预可行性研究

7.3.1 通过分析项目的地质、采矿、选冶、基础设施、经济、市场、法律、环境、社区和政策等因素，对项目的技术可行性和经济合理性的初步研究，做出项目是否可行的基本评价，为矿山建设立项提供决策依据。

7.3.2 预可行性研究应在详查及以上工作程度基础上进行。

7.4 可行性研究

7.4.1 通过分析项目的地质、采矿、选冶、基础设施、经济、市场、法律、环境、社区和政策等因素，对项目的技术可行性和经济合理性的详细研究，做出项目是否可行的详细评价，为矿山建设投资决策、确定工程项目建设计划和编制矿山建设初步设计等提供依据。

7.4.2 可行性研究一般应在勘探工作程度基础上进行。

8 矿产资源储量估算

8.1 工业指标

8.1.1 工业指标的确定

工业指标是评价矿床、圈定矿体、估算资源储量的标准和依据。普查阶段通常采用一般工业指标(参见附录G)，详查、勘探阶段应采用论证制定的工业指标，对有共生、伴生矿产的矿床，可制定综合工业指标。矿床工业指标论证制定按 DZ/T 0339 执行。

8.1.2 工业指标的主要内容

工业指标的主要内容如下：
a) 边界品位，单位为克每吨(g/t)。
b) 最低工业品位，单位为克每吨(g/t)。
c) 最小可采厚度(真厚度)，单位为米(m)。
d) 米·克/吨(m·g/t)值。
e) 最小夹石剔除厚度(真厚度)，单位为米(m)。
f) 最小无矿段剔除长度，单位为米(m)。

8.2 资源量估算方法和一般原则

8.2.1 估算方法

根据矿床地质特征、矿体形态、产状、勘查工程的数量及布设情况等因素选择合适的方法。常用的估算方法有几何法(如断面法、地质块段法、最近地区法等)、地质统计学法、距离幂次反比法、SD 法等,具体按 DZ/T 0338 执行。

提倡和鼓励运用计算机等新技术方法,建立数据库和三维地质模型,估算资源量。

8.2.2 一般原则

8.2.2.1 参与资源量估算的勘查工程质量,各类样品的采集、加工及测试分析质量,应符合有关规范、规程和规定的要求。

8.2.2.2 根据固体矿产资源储量分类,按矿体、资源量类型、矿石类型(可分采分选时)分别估算各矿体及全矿区的矿石量、金属量。

8.2.2.3 共生矿产资源量的估算与主矿产要求相同;对伴生矿产,按块段或矿体的矿石量与伴生组分的平均品位估算伴生矿产的金属量。

8.3 几何法

8.3.1 块段划分

8.3.1.1 采用几何法(如断面法、地质块段法、最近地区法等)估算资源量时,应根据构造特征、控制程度、矿石类型、矿体厚度和品位变化特征,以及矿山开采设计需要,合理划分块段。

8.3.1.2 块段划分时,应充分考虑各个工程的权重。地质块段法估算资源量时,原则上以相邻最近的 4 个工程控制的范围划分为一个块段,单个工程一般最多使用 4 次。

8.3.1.3 探明资源量、控制资源量应由见矿工程连线圈定;推断资源量可由稀疏工程连线圈定,亦可在稀疏工程连线之外,根据地质、物探、化探异常推断一定范围圈定。一般地,在矿体走向和倾向上,沿工程连线圈定的控制资源量和探明资源量块段之外,可平推推断资源量工程间距的 1/4 圈算推断资源量。

8.3.2 资源量估算参数的确定

8.3.2.1 面积:面积测定可采用计算机软件在资源量估算图上直接读取,图件的比例尺一般为 1:2 000~1:1 000。

8.3.2.2 平均品位：有单工程平均品位、块段平均品位、矿体和矿床平均品位。其计算方法及注意事项如下：

 a) 单工程平均品位：通常采用样长对应的真厚度加权求得。样品中有特高品位时，则应先处理特高品位，再计算单工程（或样品段）平均品位。

 b) 块段平均品位：用地质块段法估算资源量时，通常采用单工程矿体厚度加权法求得；用垂直断面法和水平断面法时，先采用单工程矿体厚度加权求取剖面或断面平均品位，再采用剖面或断面面积加权求取块段平均品位。

  块段上部由坑道工程揭露，下部由钻孔控制时，块段内上、下部分应按工程数量对等的原则处理后再加权平均求取。

  坑道与钻孔位置相近，而品位不一致时，应加权平均后，再参与块段平均品位的计算。

  同一采样位置，坑道与钻孔品位不一致时，以坑道为准。

 c) 矿体和矿床平均品位：一般以矿体或矿床金属量除以矿石量求得。

8.3.2.3 块段平均厚度：一般用算术平均法求得。当工程分布不均匀时，可按影响长度或面积加权计算平均厚度。

块段平均厚度有三种，即平均水平厚度、平均铅垂厚度和平均真厚度。估算块段资源量时，平均厚度视块段面积方向而定。用纵投影面积时，采用平均水平厚度；用水平投影面积时，采用平均铅垂厚度；用斜面积计算时，采用平均真厚度。

8.3.2.4 体重：参与资源量估算的矿石体重应以实际测定值为依据。分矿石类型估算资源量时，一般用算术平均法按矿石类型分别计算矿石体重；不分矿石类型估算资源量时，应按不同类型矿石比例确定各个类型的体重样数量，然后计算矿体平均体重；当体重与矿石中某种组分关系密切时，应采用线性回归方法求取不同类型、不同块段（矿块）矿石相应的平均体重。

对疏松或多孔洞、多裂隙的矿石（如氧化矿石）应采用大体重校正小体重。

矿石湿度较大（大于3%）时，其体重应进行湿度校正。

8.3.3 特高品位处理

通常单样品位高于矿体（全部样品加权）平均品位6～8倍的样品确定为

特高品位样。特高品位样应参照矿体品位变化系数大小来确定，当矿体品位变化系数大时取上限值，变化系数小时取下限值。处理的方法是：以包含特高品位样的工程为中心，由包含特高品位样工程在内的相邻工程组成的块段平均品位代替该样品品位。如果特高品位样呈有规律分布，且可以圈出高品位样带时，则可将高品位样带单独圈出，估算资源量，而不作为特高品位处理。

8.3.4 矿体的圈定

8.3.4.1 单工程矿体圈定

8.3.4.1.1 单工程矿体的圈定主要依据边界品位、最小夹石剔除厚度、最小可采厚度或米·克/吨值等综合考虑。当同一工程中圈出多个符合工业指标的样段时，应根据构造特征、控矿因素、产状变化及相邻工程间样段的对应关系圈定矿体，在依据不充分时，一般不宜处理为分支复合关系。

8.3.4.1.2 当矿体的厚度小于最小可采厚度时，按米·克/吨值圈定矿体。

8.3.4.2 剖面上矿体连接

8.3.4.2.1 矿体的连接坚持先连接地质界线，再根据主要控矿地质特征连接矿体。连接矿体一般采用直线，在充分掌握地质规律的情况下，也可用自然趋势曲线连接。无论是直线连接，还是曲线连接，两工程间矿体的厚度均不应大于两工程实际控制的厚度。

8.3.4.2.2 对于形态复杂的矿体，其中有部分地段达不到工业指标要求，沿走向及倾向迅速尖灭再现，呈扁豆状或串珠状，厚度急剧膨缩或有分支复合现象，无矿地段体积过小，开采无法剔除时，可作为连续矿体连接。

8.3.4.2.3 两相邻工程，一个见矿，另一个未见矿时，一般作1/2尖灭。

8.3.4.2.4 对于厚大且连片的低品位矿应单独圈出。

8.3.4.3 夹石的圈定

8.3.4.3.1 按边界品位及最小夹石剔除厚度指标判别，当夹石厚度大于或等于最小夹石剔除厚度时，剔除；小于最小夹石剔除厚度时，可圈入矿体。

8.3.4.3.2 剖面上夹石的连接应按"对角线尖灭"的原则。即，当一个工程见夹石，另一个工程未见夹石时，将未见夹石工程作为尖灭点，由见夹石工程用直线按趋势推连至未见夹石工程，以保证两工程间矿体的推测厚度小于工程实际控制厚度。

8.3.4.4 无矿段的圈定

使用沿脉坑道追索和控制矿体时，应准确使用"最小无矿段剔除长度"指标圈定无矿段范围。当连续多个采样点平均品位低于边界品位，在走向、倾向长度大于"最小无矿段剔除长度"时，应按工业指标规定的相邻坑道对应情况，单独圈出无矿地段。

8.3.4.5 矿体外推原则

8.3.4.5.1 外推距离：指矿体延伸方向的实际距离，而非水平投影图或垂直纵投影图上的平面投影距离。

8.3.4.5.2 有限外推：

a) 两个工程中一个工程见矿，另一个工程未见矿，两工程间距大于或等于"理论工程间距[5]"，可按"理论工程间距"的 1/2 尖推、1/4 平推；如两工程间距小于"理论工程间距"，则按两工程实际间距 1/2 尖推、1/4 平推。

b) 两个工程中一个工程见矿，另一个工程未见矿，若矿体为断层或脉岩切割错开，而并非矿化原因时，矿体边界可按趋势推延至断层或脉岩边界上。

8.3.4.5.3 无限外推：

a) 无限外推应结合矿体特征综合考虑。当矿体的延伸经分析研究具有一定规律时，可按地质规律外推；当矿体的延伸无明显规律可循时，一般按相应勘查类型所对应的推断资源量工程间距的 1/2 尖推、1/4 平推。

b) 矿体边部工程是米·克/吨值时，对内可连接为矿体，对外不外推。

c) 盲矿体的顶部、最高一层坑道向上外推，可采用 8.3.4.5.3a) 的原则。当顶部存在剥蚀边界时，最多外推至剥蚀边界。

8.4 地质统计学法及其他方法

采用地质统计学法、距离幂次反比法、SD 法等估算资源量，块模型建立、估算参数确定、特高品位处理等按 DZ/T 0338 执行。

（5） 理论工程间距是指某勘查类型及其资源量类别对应的勘查工程间距。

8.5 资源储量类型

资源量类型按地质可靠程度划分,储量类型按地质可靠程度、转换因素的确定程度划分,具体按照 GB/T 17766、GB/T 13908 执行。

8.6 资源储量估算结果

资源储量估算结果应编制汇总表,并用文字综合准确表述。资源储量估算结果汇总表一般应分矿体列示累计查明、动用和保有,主矿产及共生、伴生矿产,不同矿石工业类型,不同资源储量类型的矿石量、金属量、平均品位。

8.7 计量单位和数值修约要求

计量单位和数值修约要求如下:

a) 矿石量单位为万吨(10^4 t)。

b) 金属量单位为千克(kg)。

c) 矿体厚度单位为米(m)。

d) 矿石体重单位为吨每立方米(t/m^3)。

e) 矿石品位单位为克每吨(g/t)。

f) 矿石量小数点后保留一位有效数字,金属量取整数,其余均小数点后保留两位有效数字。

g) 共生、伴生矿产资源储量的单位及数值修约要求,按相关规范执行。

附录 A

（资料性附录）

岩金矿床工业类型

岩金矿床工业类型见表 A.1。

表 A.1 岩金矿床工业类型简表

矿床工业类型		成矿地质特征	矿物共生组合		围岩蚀变	矿体形状	规模及品位	共生、伴生矿产	矿床实例
			金属矿物	脉石矿物					
破碎带蚀变岩型（焦家式）		形成于变质基底隆起区，以中酸性岩浆岩、混合岩、变质岩为主。受再生花岗质岩体与胶东群接触带控制，矿化发育在主断裂带下盘的角砾岩、碎裂岩、碎裂状花岗岩中	黄铁矿为主，次为黄铜矿、方铅矿、闪锌矿、磁黄铁矿，少量银金矿、自然金、自然银、白铁矿、斑铜矿、辉铜矿、黝铜矿、斜方辉钴铋矿、锆石、菱铁矿	石英、绢云母、长石，少量绿泥石、白云石、绿帘石、石榴子石	钾化、硅化、黄铁绢英岩化	脉带形	小型—特大型	Ag	焦家、新城、三山岛
含金石英脉型	石英单脉型	以五龙金矿为代表，赋存在吕梁期黑云母花岗片麻岩发育区，含金石英脉与构造关系密切，处于两组构造的复合处	黄铁矿、白钨矿、毒砂、磁黄铁矿、辉铋矿、自然金、黄铜矿、闪锌矿、胶状黄铁矿	石英、钾长石、萤石、解石	硅化、绢云母化，次为绿泥石化、黄铁矿化	脉状、扁豆状、细脉状	小型—大型，金品位平均为 10.14 g/t		五龙
	石英网脉及复脉带型	复脉带型以金厂峪金矿为典型矿床，产于太古宇遵化群中，赋矿围岩为斜长角闪岩经韧性剪切作用形成的蚀变片糜岩	黄铁矿，少量黄铁矿、方铜矿、闪锌矿、磁黄铁矿、辉铁矿、辉铋矿、辉银矿等，以及褐铁矿、孔雀石、铜蓝	石英、方解石、白云石、钠长石云母，少量绿磷灰石、金红石、榍石、锆石	绢云母化、黄铁矿化、硅化、绿泥石化、碳酸盐化	脉状、不规则脉状和透镜状	小型—大型，金品位为 1～21.4 g/t	Mo	金厂峪
石英硅钾化蚀变岩型（东坪式）		产于中、高级变质岩地区，岩性为斜长角闪岩、片麻岩、麻粒岩、变粒岩，区域性深断裂及派生的次级断裂控制含金地质体的分布，矿体产于偏碱性杂岩体及其外接触带，由石英脉和硅化、钾化蚀变岩组成	黄铁矿，次为方铅矿、磁铁矿、黄铜矿，少量闪锌矿、碲铅矿以及褐铁矿、赤铁矿、斑铜矿、辉铜矿、铜蓝、铅矾氧化矿物	石英、长石、高岭石、绢云母，少量绿帘石、白云母、石榴子石、绿泥石	钾硅化化、黄铁矿化、绢云母化、高岭土化、褐铁矿化、碳酸盐化	脉状、透镜状	中型—特大型，金品位平均为 7.25 g/t	Sb	东坪、哈达门、后沟

续表

矿床工业类型	成矿地质特征	矿物共生组合		围岩蚀变	矿体形状	规模及品位	共生、伴生矿产	矿床实例
		金属矿物	脉石矿物					
斑岩型（团结沟式）	与中酸性、酸性及碱性次火山岩有关。金矿体产于花岗闪长斑岩体顶部及接触带附近	黄铁矿、白铁矿、辉锑矿、自然金、黄铜矿、辰砂、雄黄、雌黄	玉髓状石英、方解石、冰洲石、铁白云石、蛋白石、长石、高岭石	硅化、黄铁矿和（或）白铁矿化、碳酸盐化	层状、脉状、扁豆状	大型—特大型，金品位为 2~10 g/t	Ag、Cu、S	团结沟
矽卡岩型	中酸性小侵入体与灰岩、火山凝灰岩的接触带。围岩多为含石榴子石、钙铁辉石、绿帘石矽卡岩	磁铁矿、黄铜矿、黄铁矿、赤铁矿、斑铜矿、银金矿	钙铝榴石、透辉石、绿帘石、石英、方解石	矽卡岩化为主，其次为钾化、硅化、绿泥石化和绢云母化	透镜状、似层状、巢状、串珠状	中型—大型，金品位为 2·g/t～200 g/t，铜品位为 1%～4%	Fe、Cu、Pb、Zn、Bi	华铜、沂南、鸡冠嘴、老柞山
角砾岩型	角砾岩体多产于太古宙和元古宙的变质岩中，原岩为中基性火山岩。岩体成群成带分布且受构造控制，岩性为多铁的硅铝质岩石。金矿化分布在岩体内的角砾周边及裂隙发育地段，与胶结物密切相关	黄铁矿，次为黄铜矿、方铅矿、自然金、少量闪锌矿、辉铋矿、铜蓝、斑铜矿、辉钼矿	石英、绿泥石、绿帘石、次为方解石、钾长石、绢云母、钠长石及少量黑云母、斜长石、次闪石、阳起石、萤石	硅化、绿泥石化、绿帘石化和绢云母化	似层状、透镜状	中型—大型，金品位为 1～45.85 g/t	Ag、Cu、S	祁雨沟、双王
硅质岩层中的含金铁建造型（东风山式）	位于地台隆起的边缘坳陷区。含矿地质体产于太古宙到元古宙的条带状含铁硅质岩层中	磁铁矿、磁黄铁矿、黄铁矿、毒砂、钛铁矿、少量自然金、辉钴矿、黄铜矿、方铅矿、闪锌矿	铁闪石、石英、镁铁闪石、碳酸盐矿物	硅化、绢云母化、碳酸盐化、黄铁矿化	似层状、扁豆状	小型—中型，金品位为 5～20 g/t，最高为 160 g/t	Co、As	东风山

续表

矿床工业类型	成矿地质特征	矿物共生组合		围岩蚀变	矿体形状	规模及品位	共生、伴生矿产	矿床实例
		金属矿物	脉石矿物					
含金火山岩型	主要产于中新生代火山带及火山盆地。矿体由含金方解石石英脉组成，充填于火山口附近的环形放射状裂隙中，或火山管道、火山口相喷出岩中	黄铁矿、黄铜矿、黝铜矿、闪锌矿、辉银矿、银金矿、金银矿、金碲矿	玉髓、白石、长石、蛋白石、冰洲石、碳酸盐矿物	硅化、钠长石化、高岭土化、黄铁矿化、碳酸盐化、绢云母化和退色化	脉状	小型，金品位为5.54～7.73 g/t		刺猬沟
微细粒浸染型	分布于显生宙准地台及地槽区，地层为上古生界到中生界，主要含金层位为中三叠统，由碎屑岩构成的沉积岩系。金及硫化物呈浸染状分布其中	黄铁矿、白铁矿、毒砂、含砷黄铁矿、辉锑矿、自然金、雄黄	水云母、重晶石、萤石、石膏	硅化、高岭土化、碳酸盐化、白铁矿化、毒砂化	层状、似层状、透镜状	中型	Sb、Hg	丫他、板其

附录 B
(资料性附录)
岩金矿床规模划分标准

岩金矿床规模划分标准见表 B.1。

表 B.1 岩金矿床规模划分标准

矿床规模	资源量(金属量)/t
大型	>20
中型	5~20
小型	<5

附录 C
（资料性附录）
岩金矿矿物

岩金矿矿物见表 C.1。

表 C.1 岩金矿矿物

矿物名称	化学分子式	金的质量分数/%	备注
一、自然元素、天然合金和金属硫化物			
1. 自然金(gold)	Au	>80	常与银、铂、钯、铑、铜、铋等成合金
2. 银金矿(electrum)	(Au，Ag)	80～50	
3. 黑铋金矿(maldonite)	Au_2Bi	65.3	
4. 斜方铜金矿(auricupride)	Cu_3Au	50.6	
5. 围山矿(weishanite)	$(Au，Ag)_3Hg_2$	56.91	1983 年 4 月国际矿物学会正式承认
二、硫化物			
6. 硫金银矿(uytenbogaardtite)	Ag_3AuS_2	32.6	
三、碲化物			
7. 碲金矿(calaverite)	$AuTe_2$	44.03	有时含少量银
8. 斜方碲金矿(krennerite)	$AuTe_2$	43.5	
9. 亮碲金矿(montlbrayite)	$(Au，Sb)_2Te_3$	50.6	
10. 碲金银矿(petzite)	Ag_3AuTe_2	25.4	
11. 板碲金银矿(muthmannite)	(Ag，Au)Te	22.9～35.2	
12. 针碲金银矿(sylvanite)	$(Au，Ag)Te_4$	24.1	
13. 针碲金铜矿(kostovite)	$CuAuTe_4$	25.5	
14. 叶碲金矿(nagyagite)	$Pb_5Au(Te，Sb)_4S_{5-8}$	7.41～10.16	成分不定
15. 碲铜金矿(bessmertnovite)	$Au_4Cu(Te，Pb)$	68.0～75.0	
16. 碲铁铜金矿(bogdanovite)	$Au_3(Cu，Fe)_3(Te，Pb)_2$	57.6～63.6	
17. 碲铅铜金矿(bilibinskite)	$Au_3Cu_2PbTe_2$	40.7～50.5	
四、锑化物			
18. 方锑金矿(aurostibite)	$AuSb_2$	44.7	
五、硒化物			
19. 硒金银矿(fischesserite)	Ag_3AuSe	29.0	

附录 D
（资料性附录）
金矿物的粒度及形状分类

金矿物的粒度及形状分类见表 D.1 和表 D.2。

表 D.1　金矿物的粒度分类

粒级	巨粒金	粗粒金	中粒金	细粒金	微粒金
粒径/mm	>0.295	0.295～>0.074	0.074～>0.037	0.037～>0.01	≤0.01

注：金的粒度在很大程度上决定磨矿细度和选别方法。根据对选矿工艺产生的影响，将粒度划分为五级。在矿石磨碎过程中，巨粒金和粗粒金几乎全部可以分离成单体，并有利于重选法回收，但浮选、浸出效果不佳；中粒金在磨矿过程中大都能单体解离，少部分呈暴露连生体或被硫化物包裹；细粒金和微粒金用浮选法、氰化法都有好的效果。单体的金矿物无论大小均易被汞吸附。

表 D.2　金矿物的形状分类

延展率/%	形状		
	边界圆滑	边界平整、棱角明显	边界不平整，有尖角、枝杈
1～1.5	浑圆粒状	麦粒状	尖角粒状
1.5～3	角粒状	长角粒状	枝杈状
3～5	叶片状	板片状	
>5	针状		

注：自然金的不同形状在不同的选矿方法中效果不一样，如粒状的用重选法易回收，表面面积大的在溶剂中溶解较快，片状的易浮选。

附录 E
（资料性附录）
岩金矿床勘查类型划分

E.1 矿床勘查类型划分因素。

矿床勘查类型划分因素见表 E.1 至表 E.5。

表 E.1 矿体规模

规模等级	矿体走向延长（长度）/m	矿体倾斜延伸（宽度）/m
大型	＞500	＞500
中型	200～500	200～500
小型	＜200	＜200

表 E.2 矿体形态变化程度

矿体形态复杂程度	矿体形态变化特征
简单	层状—似层状、板状—似板状的大脉体，大透镜体，形态规则或较规则，矿体连续，产状变化简单
中等	不规则大透镜体或大脉状体、矿柱、矿囊，矿体基本连续，有分支复合，产状变化中等
复杂	不规则的透镜体及小透镜体、脉状体及小脉状体、小矿柱、小矿囊，矿体呈间断性状态。产状变化复杂

表 E.3 厚度稳定程度

厚度稳定程度	矿体厚度变化系数/％
稳定	＜80
较稳定	80～130
不稳定	＞130

表 E.4 构造、脉岩影响程度

影响程度	表现特点
小	矿体基本无断层错动或脉岩穿插，构造对矿体影响小或无
中等	矿体被断层错动或被脉岩穿插，构造、脉岩对矿体形态有较明显影响，但破坏不大
大	矿体被断层错断，脉岩穿插较多或甚多，错断距离较大，严重影响矿体形态，破坏大

表 E.5　主要有用组分分布均匀程度

分布均匀程度	矿体品位变化系数/%
均匀	<100
较均匀	100～160
不均匀	>160

E.2　矿床勘查类型划分

E.2.1　Ⅰ类型(简单型)。矿体规模大，形态简单，厚度稳定，构造、脉岩影响程度小，主要有用组分分布均匀的层状—似层状、板状—似板状的大脉体、大透镜体。属于该类型的矿床有山东焦家金矿床1号矿体、山东新城金矿床、陕西双王金矿床KT8矿体。

E.2.2　Ⅱ类型(中等型)。矿体规模中等，产状变化中等，厚度较稳定，构造、脉岩影响程度中等，破坏不大，主要有用组分分布较均匀的脉体、透镜体、矿柱、矿囊。属于该类型的矿床有河北金厂峪金矿床Ⅱ-5号脉体群、河南文峪金矿床。

E.2.3　Ⅲ类型(复杂型)。矿体规模小，形态复杂，厚度不稳定，构造、脉岩影响程度大，主要有用组分分布不均匀的脉状体、小脉状体、小矿柱、小矿囊。属于该类型的矿床有河北金厂峪金矿床Ⅱ-2号脉、山东九曲金矿床4号脉、广西古袍金矿床志隆1号脉等。

附录 F
（资料性附录）
岩金矿勘查工程间距

岩金矿不同勘查类型的勘查工程间距见表 F.1。

表 F.1 勘查工程间距

勘查类型	控制资源量勘查工程间距/m			
	坑探		钻探	
	穿脉	沿脉	走向	倾斜
Ⅰ	80～160	80～160	80～160	80～160
Ⅱ	40～80	40～80	40～80	40～80
Ⅲ	20～40	20～40	20～40	20～40

注1：勘查工程间距是指沿矿体走向线和倾斜线的实际距离。
注2：各类型对应的工程间距作为参考，实际工作中可按矿床实际适当调整。
注3：探求探明资源量的工程间距，可以缩小至控制资源量工程间距的1/2；探求推断资源量时，可以放大到控制资源量工程间距的2～3倍。
注4：对于复杂矿床，用表中的工程间距无法探求相应控制程度要求的资源量时，只能在矿山开采时边采边探。
注5：当矿体在不同地段或不同方向变化程度不同时，工程间距应做相应的调整。

附录 G
（资料性附录）
岩金矿一般工业指标及其伴生矿产综合评价参考指标

岩金矿一般工业指标及其伴生矿产综合评价参考指标见表 G.1 和表 G.2。

表 G.1 岩金矿一般工业指标

项目	指标		
	原生矿		氧化矿
	坑采	露采	
边界品位/(g/t)	0.8~1.0		0.5
最低工业品位/(g/t)	2.2~3.5	1.6~2.8	1.0
最小可采厚度/m	0.8~1.5，陡倾斜者为下限，缓倾斜至水平者为上限		
最小夹石剔除厚度/m	2.0~4.0，坑采者为下限，露采者为上限		
最小无矿段剔除长度/m	相邻坑道对应时为 10~15，相邻坑道不对应时为 20~30		

注1：对于边界品位和最低工业品位，当矿石赋存条件较好、矿物成分简单、外部建设条件较好时，取指标的下限值，反之取上限值。

注2：当矿体厚度小于最小可采厚度时，采用厚度与品位的乘积，即米·克/吨值。

表 G.2 岩金矿伴生矿产综合评价参考指标

组分	铜(Cu)	铅(Pb)	锌(Zn)	三氧化钨(WO$_3$)	锑(Sb)	钼(Mo)
质量分数	0.1%	0.2%	0.2%	0.05%	0.3%	0.01%
组分	砷(As)	硫(S)	钴(Co)	银(Ag)		
质量分数	0.2%	2%	0.01%	2 g/t		

参考文献

陈懋弘,黄庆文,胡瑛,等,2009. 贵州烂泥沟金矿层状硅酸盐矿物及其^{39}Ar-^{40}Ar 年代学研究[J]. 矿物学报,29(3):353-362.

陈懋弘,毛景文,屈文俊,等,2007. 贵州贞丰烂泥沟卡林型金矿床含砷黄铁矿 Re-Os 同位素测年及地质意义[J]. 地质论评,53(3):371-382.

陈懋弘,2007. 基于成矿构造和成矿流体耦合条件下的贵州锦丰(烂泥沟)金矿成矿模式[D]. 北京:中国地质科学院.

董文斗,苏文超,沈能平,等,2013. 广西八渡卡林型金矿床含金硫化物矿物学与地球化学研究[J]. 矿物学报,33(S2):431-432.

贵州省地质矿产局,1987. 贵州省区域地质志[M]. 北京:地质出版社.

广西壮族自治区地质矿产局,1985. 广西壮族自治区区域地质志[M]. 北京:地质出版社.

韩伟,罗金海,樊俊雷,等,2009. 贵州罗甸晚二叠世辉绿岩及其区域构造意义[J]. 地质论评,55(6):795-803.

韩至钧,等. 黔西南金矿地质与勘查[M]. 贵阳:贵州科技出版社,1999.

黄永全,崔永勤,2001. 广西凌云县明山金矿床岩浆岩与金矿化关系[J]. 广西地质(4):22-28.

李福春,叶荣,1996. 金牙金矿载金矿物及金的赋存状态研究[J]. 矿产与地质,10(5):300-305.

李九玲,亓锋,徐庆生,2002. 矿物中呈负价态之金:毒砂和含砷黄铁矿中"结合金"化学状态的进一步研究[J]. 自然科学进展,12(9):952-958.

刘东升,耿文辉,1987. 我国卡林型金矿的地质特征、成因及找矿方向[J]. 地质与勘探,23(12):1-12.

刘东升,谭运金,王建业,等,1994. 中国卡林型(微细浸染型)金矿[M]. 南京:南京大学出版社.

刘家军,刘建明,顾雪祥,等,1997. 黔西南微细浸染型金矿床的喷流沉积成因[J]. 科学通报,42(19):2126-2127.

刘建明,叶杰,刘家军,等,2001. 论我国微细浸染型金矿床与沉积盆地演化的关系:以右江盆地为例[J]. 矿床地质,20(4):367-377.

刘建中,杨成富,王泽鹏,等,2017. 贵州省贞丰县水银洞金矿床地质研究[J]. 中国地质调查,4(2):32-41.

刘平,李沛刚,李克庆,等,2006. 黔西南金矿成矿地质作用浅析[J]. 贵州地质,23(2):83-87,90-92,97.

刘显凡,金景福,倪师军,1996. 滇黔桂微细浸染型金矿深部物源的稀土元素证据[J]. 成都理工学院学报,23(4):25-30.

刘显凡,刘家军,朱赖民,等,1997. 滇黔桂微细浸染型金矿铅同位素组成及应用[J]. 矿物岩石地球化学通报,16(3):178-182.

刘显凡,倪师军,卢秋霞,等,1998. 微细浸染型金矿深源成矿流体的硅同位素地球化学示踪[J]. 高校地质学报,4(3):271-278.

刘远辉,李进,邓克勇,2003. 贵州盘县地区峨眉山玄武岩铜矿的成矿地质条件[J]. 地质通报,22(9):713-717.

罗孝桓,1998. 贵州贞丰烂泥沟特大型金矿的发现及勘查历程[J]. 贵州地质,15(4):293-298.

罗孝桓,1997a. 断裂构造的几何学、运动学特征及其对金矿体就位控制研究:以黔西南卡林型金矿为例[J]. 贵州地质,14(1):46-54.

罗孝桓,1997b. 黔西南右江区金矿床控矿构造样式及成矿作用分析[J]. 贵州地质,14(4):312-320.

罗孝桓,1993. 烂泥沟金矿区F_3控矿断裂特征及构造成矿作用机理探讨[J]. 贵州地质,10(1):26-34.

罗镇宽,关康,1993. 中国金矿床概论[M]. 天津:天津科学技术出版社.

马东升,1999. 华南中、低温成矿带元素组合和流体性质的区域分布规律:兼论华南燕山期热液矿床的巨型分带现象和大规模成矿作用[J]. 矿床地质,18(4):347-358.

彭建堂,胡瑞忠,蒋国豪,2003. 萤石Sm-Nd同位素体系对晴隆锑矿床成矿时代和物源的制约[J]. 岩石学报,19(4):785-791.

苏文超,2002. 扬子地块西南缘卡林型金矿床成矿流体地球化学研究[D]. 贵阳:中国科学院地球化学研究所.

苏文超,胡瑞忠,彭建堂,等,2000. 滇黔桂地区卡林型金矿床成矿物质来源的锶同位素证据[J]. 矿物岩石地球化学通报,19(4):256-259.

苏文超,杨科佑,胡瑞忠,等,1998. 中国西南部卡林型金矿床流体包裹体年代学研究:以贵州烂泥沟大型卡林型金矿床为例[J]. 矿物学报,18(3):359-362.

索书田,侯光久,张明发,等,1993. 黔西南盘江大型多层次席状逆冲—推覆构造[J]. 中国区域地质,12(3):239-247.

涂光炽,1992. 关于寻找超大型金矿的有关问题[J]. 四川地质学报(12):1-9.

涂光炽,1990. 西南秦岭与西南贵州铀金成矿带及其与美国西部卡林型金矿床的类似性[J]. 铀矿地质,6:321-325.

王加昇,温汉捷,2015. 贵州交犁-拉峨汞矿床方解石Sm-Nd同位素年代学[J]. 吉林大学学报(地球科学版),45(5):1384-1393.

王砚耕,索书田,张明发,1994. 黔西南构造与卡林型金矿[M]. 北京:地质出版社.

王泽鹏,夏勇,宋谢炎,等,2012. 太平洞-紫木凼金矿区同位素和稀土元素特征及成矿物质来源探讨[J]. 矿物学报,32(1):93-100.

肖宪国,2014. 贵州半坡锑矿床年代学、地球化学及成因[D]. 昆明:昆明理工大学.

张瑜,夏勇,王泽鹏,等,2010. 贵州簸箕田金矿单矿物稀土元素和同位素地球化学特征[J]. 地学前缘,17(2):385-395.

张长青,毛景文,吴锁平,等,2005. 川滇黔地区MVT铅锌矿床分布、特征及成因[J]. 矿床地质,3:336-348.

赵成海,2014. 黔西南烂泥沟卡林型金矿硫化物矿物学及成矿机制研究[D]. 北京:中国科学院大学.

朱江,张招崇,侯通,等,2011. 贵州盘县峨眉山玄武岩系顶部凝灰岩LA-ICP-MS锆石U-Pb年龄:对峨眉山大火成岩省与生物大规模灭绝关系的约束[J]. 岩石学报,27(9):2743-2751.

朱笑青,王中刚,陈福,2000. 贵州丫他微细浸染型金矿床金的赋存形式与矿床成因的研究[J]. 自然科学进展,10(3):248-252.

Ackerson M R, Tailby N D, Watson E B, 2015. Trace elements in quartz shed light on sediment provenance[J]. Geochemistry, Geophysics, Geosystems, 16(6):1894-1904.

Alexandre A, Basile-Doelsch I, Sonzogni C, et al, 2006. Oxygen isotope analyses of fine silica grains using laser-extraction technique: Comparison with oxygen isotope data obtained from ion microprobe analyses and application to quartzite and silcrete cement investigation[J]. Geochimica et Cosmochimica Acta, 70(11): 2827 -2835.

Arehart G B, 1996. Characteristics and origin of sediment-hosted disseminated gold deposits: A review[J]. Ore Geology Reviews, 11(6): 383-403.

Arehart G B, Chakurian A M, Tretbar D R, et al, 2003. Evaluation of radioisotope dating of Carlin-type deposits in the great basin, western North America, and implications for deposit genesis[J]. Economic Geology, 98(2): 235-248.

Arehart G B, Chryssoulis S L, Kesler S E, 1993. Gold and arsenic in iron sulfides from sediment-hosted disseminated gold deposits; implications for depositional processes[J]. Economic Geology, 88(1): 171-185.

Audétat A, Garbe-Schönberg D, Kronz A, et al, 2015. Characterisation of a natural quartz crystal as a reference material for microanalytical determination of Ti, Al, Li, Fe, Mn, Ga and Ge[J]. Geostandards and Geoanalytical Research, 39(2): 171-184.

Bakken B M, 1990. Gold mineralization, wall-rock alteration, and the geochemical evolution of the hydrothermal system in the main orebody, Carlin mine, Nevada [D]. California: Stanford University.

Barker S L L, Hickey K A, Cline J S, et al, 2009. Uncloaking invisible gold: Use of nanosims to evaluate gold, trace elements, and sulfur isotopes in pyrite from Carlin-type gold deposits[J]. Economic Geology, 104(7): 897-904.

Becker U, Rosso K M, Hochella M F, 2001. The proximity effect on semiconducting mineral surfaces: A new aspect of mineral surface reactivity and surface complexation theory? [J]. Geochimica et Cosmochimica Acta, 65(16): 2641-2649.

Bodnar R J, Burnham C W, Sterner S M, 1985. Synthetic fluid inclusions in natural quartz. III. Determination of phase equilibrium properties in the system H_2O-NaCl to 1000℃ and 1500 bars[J]. Geochimica et Cosmochimica Acta, 49(9): 1861-1873.

Bowers T S, 1991. The deposition of gold and other metals: Pressure-induced fluid immiscibility and associated stable isotope signatures［J］. Geochimica et Cosmochimica Acta，55(9)：2417－2434.

Breiter K，Ackerman L，Svojtka M，et al，2013. Behavior of trace elements in quartz from plutons of different geochemical signature：A case study from the Bohemian Massif，Czech Republic[J]. Lithos，175：54－67.

Chang Z S，Large R R，Maslennikov V，2008. Sulfur isotopes in sediment-hosted orogenic gold deposits：Evidence for an early timing and a seawater sulfur source [J]. Geology，36(12)：971.

Chen M H，Mao J W，Bierlein F P，et al，2011. Structural features and metallogenesis of the Carlin-type Jinfeng (Lannigou) gold deposit，Guizhou Province，China[J]. Ore Geology Reviews，43(1)：217－234.

Chen M H，Mao J W，Li C，et al，2015a. Re－Os isochron ages for arsenopyrite from Carlin-like gold deposits in the Yunnan－Guizhou－Guangxi "golden triangle"，southwestern China[J]. Ore Geology Reviewsa，64：316－327.

Chen M H，Zhang Z Q，Santosh M，et al，2015b. The Carlin-type gold deposits of the "golden triangle" of SW China：Pb and S isotopic constraints for the ore genesis[J]. Journal of Asian Earth Sciences，103：115－128.

Clayton R N，O'Neil J R，Mayeda T K，1972. Oxygen isotope exchange between quartz and water[J]. Journal of Geophysical Research，77(17)：3057－3067.

Cline J S，2001. Timing of gold and arsenic sulfide mineral deposition at the getchell Carlin-type gold deposit，north-central Nevada[J]. Economic Geology，96(1)：75－89.

Cline J S，Hofstra A A，2000. Ore-fluid evolution at the Getchell Carlin-type gold deposit，Nevada，USA[J]. European Journal of Mineralogy，12(1)：195－212.

Cline J S，Hofstra A H，Muntean J L，et al，2005. Carlin-type gold deposits in Nevada：Critical geologic characteristics and viable models［C］// Society of Economic Geologists. One Hundredth Anniversary Volume.

Cline J S，Stuart F M，Hofstra A H，et al，2003. Multiple sources of ore-fluid components at the Getchell Carlin-type gold deposit，Nevada，USA[C]. Seventh Biennial SGA Meeting，Athens/Greece.

Cunningham C G，2004. Formation of a paleothermal anomaly and disseminated gold deposits associated with the Bingham canyon porphyry Cu-Au-Mo system, Utah[J]. Economic Geology, 99(4): 789-806..

Deditius A P, Reich M, Kesler S E, et al, 2014. The coupled geochemistry of Au and As in pyrite from hydrothermal ore deposits[J]. Geochimica et Cosmochimica Acta, 140: 644-670.

Deditius A P, Utsunomiya S, Renock D, et al, 2008. A proposed new type of arsenian pyrite: Composition, nanostructure and geological significance [J]. Geochimica et Cosmochimica Acta, 72(12): 2919-2933..

Emsbo P, Hofstra A H, Lauha E A, et al, 2003. Origin of high-grade gold ore, source of ore fluid components, and genesis of the Meikle and neighboring Carlin-type deposits, northern Carlin trend, Nevada[J]. Economic Geology, 98(6): 1069-1105.

Fleet M E, Mumin A H, 1997. Gold-bearing arsenian pyrite and marcasite and arsenopyrite from Carlin Trend gold deposits and laboratory synthesis [J]. American Mineralogist, 82(1/2): 182-193.

Fougerouse D, Reddy S M, Saxey D W, et al, 2016. Nanoscale gold clusters in arsenopyrite controlled by growth rate not concentration: Evidence from atom probe microscopy[J]. American Mineralogist, 101(8): 1916-1919.

Gotte T, Pettke T, Ramseyer K, et al, 2011. Cathodoluminescence properties and trace element signature of hydrothermal quartz: A fingerprint of growth dynamics [J]. American Mineralogist, 96(5/6): 802-813.

Gu X X, Zhang Y M, Li B H, et al, 2012. Hydrocarbon-and ore-bearing basinal fluids: A possible link between gold mineralization and hydrocarbon accumulation in the Youjiang basin, South China[J]. Mineralium Deposita, 47(6): 663-682.

Hausen D F, Kerr P F, 1968. Fine gold occurrence at Carlin, Nevada. [M]//Ridge J D. Ore deposits of the United States, 1933-1967. New York: AIME.

Heitt D G, Dunbar W W, Thompson T B, et al, 2003. Geology and geochemistry of the deep star gold deposit, Carlin trend, Nevada[J]. Economic Geology, 98(6): 1107-1135.

Hofstra A H, Cline J S, 2000. Characteristics and models for Carlin-type gold deposits[M]// Society of Economic Geologists. Gold in 2000: 163-220.

Hofstra A H, Emsbo P, Christiansen W D, et al, 2005. Source of ore fluids in Carlin-type gold deposits, China: Implications for genetic models[M]//Mineral deposit research: Meeting the global challenge. Berlin, Heidelberg: Springer.

Hofstra A H, Leventhal J S, Northrop H R, et al, 1991. Genesis of sediment-hosted disseminated-gold deposits by fluid mixing and sulfidization: Chemical-reaction-path modeling of ore-depositional processes documented in the Jerritt Canyon district, Nevada[J]. Geology, 19(1): 36.

Hu R Z, Fu S L, Huang Y, et al, 2017. The giant South China Mesozoic low-temperature metallogenic domain: Reviews and a new geodynamic model[J]. Journal of Asian Earth Sciences, 137: 9-34.

Hu R Z, Su W C, Bi X W, et al, 2002. Geology and geochemistry of Carlin-type gold deposits in China[J]. Mineralium Deposita, 37(3): 378-392.

Hu R Z, Zhou M F, 2012. Multiple Mesozoic mineralization events in South China: An introduction to the thematic issue[J]. Mineralium Deposita, 47(6): 579-588.

Hu S Y, Barnes S J, Glenn AM, et al, 2019. Growth history of sphalerite in a modern sea floor hydrothermal chimney revealed by electron backscattered diffraction[J]. Economic Geology, 114(1): 165-176.

Ickert R B, Hiess J, Williams I S, et al, 2008. Determining high precision, in situ, oxygen isotope ratios with a SHRIMP II: Analyses of MPI-DING silicate-glass reference materials and zircon from contrasting granites[J]. Chemical Geology, 257(1/2): 114-128.

Ilchik R P, Barton M D, 1997. An amagmatic origin of Carlin-type gold deposits [J]. Economic Geology, 92(3): 269-288.

Kerrich R, Goldfarb R, Groves D, et al, 2000. The characteristics, origins, and geodynamic settings of supergiant gold metallogenic provinces[J]. Science in China Series D: Earth Sciences, 43(1): 1-68.

Kesler S E, 2003. Evaluation of the role of sulfidation in deposition of gold, screamer section of the betze-post Carlin-type deposit, Nevada[J]. Economic Geology, 98(6): 1137-1157.

Kesler S E, Riciputi L C, Ye Z J, 2005. Evidence for a magmatic origin for Carlin-type gold deposits: Isotopic composition of sulfur in the Betze-Post-Screamer Deposit, Nevada, USA[J]. Mineralium Deposita, 40(2): 127-136.

Kusebauch C, Gleeson S A, Oelze M, 2019. Coupled partitioning of Au and As into pyrite controls formation of giant Au deposits[J]. Science Advances, 5(5): eaav5891.

Large R R, Bull S W, Maslennikov V V, 2011. A carbonaceous sedimentary source-rock model for Carlin-type and orogenic gold deposits[J]. Economic Geology, 106(3): 331-358.

Large R R, Danyushevsky L, Hollit C, et al, 2009. Gold and trace element zonation in pyrite using a laser imaging technique: Implications for the timing of gold in orogenic and Carlin-style sediment-hosted deposits[J]. Economic Geology, 104(5): 635-668.

Lehmann K, Pettke T, Ramseyer K, 2011. Significance of trace elements in syntaxial quartz cement, Haushi Group sandstones, Sultanate of Oman[J]. Chemical Geology, 280(1/2): 47-57.

Li Z, 1999. Comparative geology and geochemistry of sedimentary rock-hosted (Carlin-type) gold deposits in the People's Republic of China and in Nevada, United States of America. [D]. Nevada: University of Nevada, Reno.

Loucks R R, Mavrogenes J A, 1999. Gold solubility in supercritical hydrothermal brines measured in synthetic fluid inclusions[J]. Science, 284(5423): 2159-2163.

Lubben J D, Cline J S, Barker S L L, 2012. Ore fluid properties and sources from quartz-associated gold at the Betze-Post Carlin-type gold deposit, Nevada, United States[J]. Economic Geology, 107(7): 1351-1385.

Mao J W, Cheng Y B, Chen M H, et al, 2013. Major types and time-space distribution of Mesozoic ore deposits in South China and their geodynamic settings[J]. Mineralium Deposita, 48(3): 267-294.

Mao W, Rusk B, Yang F C, et al, 2017. Physical and chemical evolution of the Dabaoshan porphyry Mo deposit, South China: Insights from fluid inclusions, cathodoluminescence, and trace elements in quartz[J]. Economic Geology, 112(4): 889-918.

Matsuhisa Y, Goldsmith J R, Clayton R N, 1979. Oxygen isotopic fractionation in the system quartz-albite-anorthite-water[J]. Geochimica et Cosmochimica Acta, 43(7): 1131-1140.

Mikhlin Y L, Romanchenko A S, Asanov I P, 2006. Oxidation of arsenopyrite and deposition of gold on the oxidized surfaces: A scanning probe microscopy, tunneling spectroscopy and XPS study[J]. Geochimica et Cosmochimica Acta, 70(19): 4874-4888.

Muntean J L, 2018. Diversity in Carlin-style gold deposits[M]. Boulder: Society of Economic Geologists.

Muntean J L, Cline J S, Simon A C, et al. Magmatic - hydrothermal origin of Nevada's Carlin-type gold deposits[J]. Nature Geoscience, 2011, 4: 122-127.

Ohmoto H, 1972. Systematics of sulfur and carbon isotopes in hydrothermal ore deposits[J]. Economic Geology, 67(5): 551-578.

Ohmoto H, Rye R O, 1979. Isotopes of sulfur and carbon[M]// Barnes H L. Geochemistry of hydrothermal ore deposits. 2nd ed. New York : Wiley-Interscience: 509-567.

Palenik C S, Utsunomiya S, Reich M, et al, 2004. "Invisible" gold revealed: Direct imaging of gold nanoparticles in a Carlin-type deposit[J]. American Mineralogist, 89(10): 1359-1366.

Paton C, Hellstrom J, Paul B, et al, 2011. Iolite: Freeware for the visualisation and processing of mass spectrometric data[J]. Journal of Analytical Atomic Spectrometry, 26(12): 2508-2518.

Peng Y W, Gu X X, Zhang Y M, et al, 2014. Ore-forming process of the Huijiabao gold district, southwestern Guizhou Province, China: Evidence from fluid inclusions and stable isotopes[J]. Journal of Asian Earth Sciences, 93: 89-101.

Peters S G, Huang J Z, Li Z P, et al, 2007. Sedimentary rock-hosted Au deposits of the Dian - Qian - Gui area, Guizhou, and Yunnan Provinces, and Guangxi District, China[J]. Ore Geology Reviews, 31: 170-204.

Peterson E C, Mavrogenes J A, 2014. Linking high-grade gold mineralization to earthquake-induced fault-valve processes in the Porgera gold deposit, Papua New Guinea[J]. Geology, 42(5): 383-386.

Pi Q H, Hu R Z, Xiong B, et al, 2017. In situ SIMS U-Pb dating of hydrothermal rutile: Reliable age for the Zhesang Carlin-type gold deposit in the golden triangle region, SW China[J]. Mineralium Deposita, 52(8): 1179-1190.

Pokrovski G S, Kokh M A, Proux O, et al, 2019. The nature and partitioning of invisible gold in the pyrite-fluid system[J]. Ore Geology Reviews, 109: 545-563.

Qian G J, Brugger J, Testemale D, et al, 2013. Formation of As(II)-pyrite during experimental replacement of magnetite under hydrothermal conditions[J]. Geochimica et Cosmochimica Acta, 100: 1-10.

Qiu L, Yan D P, Zhou M F, et al, 2014. Geochronology and geochemistry of the Late Triassic Longtan pluton in South China: Termination of the crustal melting and indosinian orogenesis[J]. International Journal of Earth Sciences, 103(3): 649-666.

Reich M, Kesler S E, Utsunomiya S, et al, 2005. Solubility of gold in arsenian pyrite[J]. Geochimica et Cosmochimica Acta, 69(11): 2781-2796.

Ressel M W, Noble D C, Henry C D, et al, 2000. Dike-hosted ores of the beast deposit and the importance of eocene magmatism in gold mineralization of the Carlin trend, Nevada[J]. Economic Geology, 95(7): 1417-1444.

Rusk B G, Lowers H A, Reed M H, 2008. Trace elements in hydrothermal quartz: Relationships to cathodoluminescent textures and insights into vein formation[J]. Geology, 36(7): 547.

Scaini M J, Bancroft G M, Knipe S W, 1998. Reactions of aqueous Au (super 1+) sulfide species with pyrite as a function of pH and temperature[J]. American Mineralogist, 83(3/4): 316-322.

Simon G, Kesler S E, Chryssoulis S, 1999. Geochemistry and textures of gold-bearing arsenian pyrite, Twin Creeks, Nevada; implications for deposition of gold in carlin-type deposits[J]. Economic Geology, 94(3): 405-421.

Su W C, Hu R Z, Xia B, et al, 2009b. Calcite Sm-Nd isochron age of the Shuiyindong Carlin-type gold deposit, Guizhou, China[J]. Chemical Geology, 258(3/4): 269-274.

Su W C, Xia B, Zhang H T, et al, 2008. Visible gold in arsenian pyrite at the

Shuiyindong Carlin-type gold deposit, Guizhou, China: Implications for the environment and processes of ore formation[J]. Ore Geology Reviews, 33(3/4): 667–679.

Su W C, Zhang H T, Hu R Z, et al, 2012. Mineralogy and geochemistry of gold-bearing arsenian pyrite from the Shuiyindong Carlin-type gold deposit, Guizhou, China: Implications for gold depositional processes[J]. Mineralium Deposita, 47(6): 653–662.

Su W, Heinrich C A, Pettke T, et al, 2009a. Sediment-hosted gold deposits in Guizhou, China: Products of wall-rock sulfidation by deep crustal fluids[J]. Economic Geology, 104(1): 73–93.

Tan Q P, Xia Y, Xie Z J, et al, 2015. S, C, O, H, and Pb isotopic studies for the Shuiyindong Carlin-type gold deposit, Southwest Guizhou, China: Constraints for ore genesis[J]. Chinese Journal of Geochemistry, 34(4): 525–539.

Wang G Z, Hu R Z, Su W C, et al, 2003. Fluid flow and mineralization of Youjiang basin in the Yunnan-Guizhou-Guangxi area, China[J]. Science in China Series D: Earth Sciences, 46(1): 99–109.

Wang J S, 2012. The metallogenesis, time and geodynamic research of low temperature metallogenic province in southwest China[D]. Guiyang: Institute of geochemistry, Chinese Academy of Sciences.

Wang Y J, Fan W M, Sun M, et al, 2007. Geochronological, geochemical and geothermal constraints on petrogenesis of the Indosinian peraluminous granites in the South China Block: A case study in the Hunan Province[J]. Lithos, 96(3/4): 475–502.

Wang Z P, Xia Y, Song X Y, et al, 2013. Study on the evolution of ore-formation fluids for Au-Sb ore deposits and the mechanism of Au-Sb paragenesis and differentiation in the southwestern part of Guizhou Province, China[J]. Chinese Journal of Geochemistry, 32(1): 56–68.

Weatherley D K, Henley R W, 2013. Flash vaporization during earthquakes evidenced by gold deposits[J]. Nature Geoscience, 6: 294–298.

Widler A M, Seward T M, 2002. The adsorption of gold(I) hydrosulphide complexes by iron sulphide surfaces[J]. Geochimica et Cosmochimica Acta, 66

(3): 383-402.

Wirth R, 2009. Focused ion beam (FIB) combined with SEM and TEM: Advanced analytical tools for studies of chemical composition, microstructure and crystal structure in geomaterials on a nanometre scale[J]. Chemical Geology, 261(3/4): 217-229.

Wu Y F, Evans K, Hu S Y, et al, 2021. Decoupling of Au and As during rapid pyrite crystallization[J]. Geology, 49(7): 827-831.

Wu Y F, Fougerouse D, Evans K, et al, 2019. Gold, arsenic, and copper zoning in pyrite: A record of fluid chemistry and growth kinetics[J]. Geology, 47(7): 641-644.

Xian H Y, He H P, Zhu J X, et al, 2019. Crystal habit-directed gold deposition on pyrite: Surface chemical interpretation of the pyrite morphology indicative of gold enrichment[J]. Geochimica et Cosmochimica Acta, 264: 191-204. Xie Z J, Xia Y, Cline J S, et al, 2017. Comparison of the native antimony-bearing Paiting gold deposit, Guizhou Province, China, with Carlin-type gold deposits, Nevada, USA [J]. Mineralium Deposita, 52(1): 69-84.

Xing Y L, Brugger J, Tomkins A, et al, 2019. Arsenic evolution as a tool for understanding formation of pyritic gold ores[J]. Geology, 47(4): 335-338.

Yan J, Hu R Z, Liu S, et al, 2018. NanoSIMS element mapping and sulfur isotope analysis of Au-bearing pyrite from Lannigou Carlin-type Au deposit in SW China: New insights into the origin and evolution of Au-bearing fluids[J]. Ore Geology Reviews, 92: 29-41.

Zhang J C, Lin Y T, Yan J, et al, 2017. Simultaneous determination of sulfur isotopes and trace elements in pyrite with a NanoSIMS 50L[J]. Analytical Methods, 9(47): 6653-6661.

Zhang J C, Lin Y T, Yang W, et al, 2014. Improved precision and spatial resolution of sulfur isotope analysis using NanoSIMS[J]. Journal of Analytical Atomic Spectrometry, 29(10): 1934-1943.

Zhang X C, Spiro B, Halls C, et al, 2003. Sediment-hosted disseminated gold deposits in southwest Guizhou, PRC: Their geological setting and origin in relation to mineralogical, fluid inclusion, and stable-isotope characteristics[J].

International Geology Review, 45(5): 407-470.

Zhou X M, Sun T, Shen W Z, et al, 2006. Petrogenesis of Mesozoic granitoids and volcanic rocks in South China: A response to tectonic evolution[J]. Episodes, 29(1): 26-33.

Zhu J J, Hu R Z, Richards J P, et al, 2017. No genetic link between Late Cretaceous felsic dikes and Carlin-type Au deposits in the Youjiang basin, Southwest China[J]. Ore Geology Reviews, 84: 328-337.